今すぐ見上げたくなる！

やさしい空と宇宙のはなし

武田 康男・縣 秀彦

緑書房

はじめに

武田 康男（たけだ やすお）

　縣さんとは同世代で、かつてはともに高校の教員でした。昔からお互いに「教育を盛り上げよう」という気持ちを持っていて、尊敬していました。縣さんが国立天文台に移られたときは、うらやましいなと感じました。

　教員時代は、教室で教えるだけでなく、天体観測合宿をしたり、登山をしたりしてきました。生徒たちがいろいろな世界を体験し、広い視野で地球と宇宙を見られるようになってほしいと思っていたからです。大学に入ると、気象学も天文学も研究分野は細分化し、その研究に没頭するような状況になりますが、私は気象も宇宙も、広く見ていきたいと思っていました。

　天文学も含め地学に関わることが全部好きで、その上、自分の体験を伝えたくて、2008 年から 1 年あまり、第 50 次南極地域観測隊に参加しました。現地では大気などの観測をしました。大気中の二酸化炭素や微粒子（エアロゾル）などの観測、空気のサンプリング、雲量や雲の高度観測、雪氷の動態などです。

　仕事の後の夜はオーロラや天体を見ました。南極の空から宇宙を見て、地球が遠い世界まで続いていることを直に感じました。地球の表面、空、宇宙がみんなつながっていて、互いに影響し合っているのです。

　今、子どもたちと接すると、「空にはおもしろいことがいっぱい！」という印象です。子どもたちにとっては「気象学」でも「天文学」でもなく、「空」なんですね。気象と天文を分け隔てなく話すと、とても喜んでもらえます。ただふつうは、どちらかに分かれてしまいがちです。天体観測は夜、気象観察は昼間というふうに。進学も仕事も分かれていきます。

　でも、そもそも、「24 時間」空は全部、おもしろいんです。それをこの本で伝えたいです。

2008 年、当時高校の教員だった武田さんは、信じられないことに、観測隊の一員として南極へ行かれました。それは世間でものすごく大きな話題になりました。南極にいる間も、いろいろな情報発信をされていました。そもそも、それ以前から高校地学の分野では有名な先生でした。

あがた ひでひこ
縣 秀彦

　私も昔は高校の教員でした。学校は違いましたが、武田さんは教員の先輩という感じでした。昔から知っていて、尊敬している先生です。最初にお会いしたのは 2013 年、ある教育番組に一緒に出演したときですね。

・・

　今回、武田さんと対談できることが何よりも楽しみです。地学の分野のなかでも、気象学と天文学というのは非常に近い分野ですよね。でも、意外といろいろなところが違うということや、それぞれの観点からある現象を見てみることのおもしろさを知ってもらえるのではないかと思います。「あっ！　そうなんだ!」っていう発見があるかもしれませんね。

・・

　学問の世界って、今でもある程度は徒弟制度（師匠と弟子の関係）です。もし研究の道を志すなら、業界のことを広く知っておいた方が、うまくやりやすいことがいろいろとあります。

　この本を読んだ若い人たちが、天文のことと気象のことを合わせて考えてみるということを、「楽しいな」「おもしろいな」、そして「役に立つな」と思ってくれたらうれしいです。

目次

出典やクレジットのない写真は、すべて武田康男撮影。

見上げてみよう！

まずは、本書で扱う空と宇宙の範囲を確認しましょう。一口に「空」といっても、高さごとに気温が大きく上がったり下がったりしていて、起きる現象もさまざま。想像もできないくらい広大な宇宙空間と空、そして地球は、ひと続きになっています。

 ## 空ってどこまで？ 宇宙はどこから？

● 大気圏の構造

 解説

（縣）　武田さんは長い間、世界中の美しい空を撮ってこられましたね。武田さんが今からお話しされる空、**スカイ**というのはふつう、地上から100km ぐらいの範囲ですよね？

（武田）　そうですね、宇宙旅行が 100km からと一応となっていますね。でも、上空数百 km まで薄い大気があって、100km から数百 km の間はオーロラが見られます。ただ、気象学が扱う範囲はふつう高度10km あまりまでの対流圏かオゾン層のある成層圏までですよね（図 0-1）。超高層大気は扱いません。

（縣）　惑星科学を含む広義の天文学ですと、地上に落ちた隕石も扱いますし、熱圏に出現する流星も研究の範疇です。同じ空のなかで、それぞれの研究対象があるわけですね。

　例えばスプライトという珍しい現象がありますが、これが出現する高さぐらいから上が超高層大気でしょうか？

スカイ

見上げる世界は、自分（地表）に近い順に、Sky（スカイ、空）、Space（スペース）、Universe（ユニバース）と大別されています。天文学で用いる「宇宙」という言葉は一般にはユニバースのことを指します。空と宇宙の間にあるスペースは、人工衛星や国際宇宙ステーション（ISS）など人が活躍できる場所、すなわち地球大気の外側ですが、日本語ではここも「宇宙」と呼んでいます。（縣）

1 光年

1,000km

熱圏

100km

中間圏

成層圏

10km

対流圏

地表

① 天の川
② 土星
③ 恒星
④ 木星
⑤ 太陽
⑥ 月
⑦ 国際宇宙
　 ステーション
⑧ オーロラ
⑨ スターリンク
　 衛星群
⑩ 流星
⑪ スプライト
⑫ 夜光雲
⑬ 極成層圏雲
⑭ オゾン層
⑮ 積乱雲
⑯ 巻層雲
⑰ 巻雲
⑱ 巻積雲
⑲ 飛行機雲
⑳ 雷
㉑ 高積雲
㉒ 高層雲
㉓ 雄大積雲
㉔ 乱層雲
㉕ 層積雲
㉖ 笠雲
㉗ 雨
㉘ 雷雨
㉙ 虹
㉚ 層雲
㉛ 積雲
㉜ 霧

図 0-1　地球の大気から宇宙空間までの断面図

①〜㉜は、どれも地球から肉眼で見えるものです。（武田）

イラスト：安原 萌

Introduction 見上げてみよう！

7

武田

その通りです。私が東北大学に入学したとき
には、「超高層大気部門」っていう研究室があっ
たんですよ。マイナーで、あまり知られていま
せんでしたが（笑）。その超高層大気でオーロラが輝き、ス
プライトなどのいろんな現象が見つかりました（**図0-2**）。

　私は南極で夜光雲を見つけたいと思っていました。夜光雲
という雲が上空85kmぐらいの高さにできるのです。そこ
は大気のなかで最も温度が低いところです（**図0-3**）。

図0-2　スプライト
雷雲の上空40〜90kmで瞬間的
に赤く光る現象です。地表への落
雷とほぼ同時に、雷雲から高い空
に向かった放電がごくまれに起こ
り、キャロット（にんじん）状や
カラム（柱）状の形に赤く輝きます。
1本のこともあれば、複数できるこ
ともあります。（武田）

図 0-3　南極で撮影した夜光雲

この空を見たときは、日没後の暗くなった空に、淡く波模様の青白い雲があり、かなり高いところで太陽光が当たった雲だと思いました。そして、これが夜光雲でした。夜光雲は、北半球の高緯度では知られていましたが、南極の昭和基地では武田が初めて撮影し、2009年当時話題になりました。（武田）

　対流圏は上に行けば行くほど温度が下がりますが、成層圏では上がって、中間圏でまた下がって、中間圏の上が最も寒いんです（**図0-1**）。平均でマイナス90℃ぐらい。夏の南極ではマイナス140℃ぐらいまで下がり、そこで雲ができます。

　「雲」とはいえ、超高層大気で起きる現象は対流圏じゃないから、気象の人たちはふつう興味を示さない現象です。観測した結果、成層圏にも中間圏にも雲があるんですね。夜光雲は流星やオーロラに近い高さです。

　この100kmあたりというのが、宇宙からの影響で流星、オーロラが光り、スプライトといった地上からの影響とのせめぎ合いになっています。

● 宇宙の構造

武田

　縣さんがこの本で紹介される宇宙、ユニバースというのは、スカイの上からどこまで続いているんですか？

縣

　私たちがいる地球は、ご存知の通り、太陽系の第3惑星ですね（**図0-4**）。宇宙は私たちに近い領域から、太陽系、天の川銀河、局所銀河群、おとめ座超銀河団、そして宇宙の果てまで続く銀河の世界（**宇宙の大規模構造**）という階層になっています（**図0-5〜0-7**）。観測可能な宇宙の果てまでは光が138億年かかって進む距離（＝138億**光年**）であることが分かっています。

　地球から見ると一番近い天体は月ですね。平均距離で地球から38万ｋｍ離れています。昼間見える太陽までは平均1億5千万ｋｍもあります。秒速30万kmで真空中を進む光でも、8分19秒もかかる距離です。つまり、今見えている太陽は、実は8分19秒前の太陽の姿です。

　また、彗星のもととなる直径10km程度の氷のかたまりが多数存在している太陽系の果て、**オールトの雲**までは、太陽−地球間の1万倍程度のひろがりがあります。その外側は、太陽系が含まれている巨大な星の集団＝天の川銀河です。天の川銀河は以前、銀河系とも呼ばれていました。各銀河の中に恒星や惑星、ガスや塵などが含まれているのです。

　天の川銀河の直径は約10万光年。太陽系は天の川銀河の中心から2万6,000光年ほど離れたオリオン・アームと呼ばれる渦巻の腕の上にあります。

　私たちの体を構成している基本単位は細胞ですよね。宇宙にたとえると銀河が細胞にあたる宇宙の基本構成要素です。宇宙には数千億個の銀河が存在しています。

　この本では、主に地上から見上げると楽しめる天文現象や身近な天体に焦点を当ててお話ししていきたいと思っています。

 **解説**

宇宙の大規模構造

銀河の集団を銀河団といい、銀河団よりもさらに大きな銀河の集まりを超銀河団といいます。超銀河団は宇宙空間に無秩序に分布しているわけではありません。密集している場所や存在しない場所があり、網の目を作るように分布しています。その様子は、石けんの泡がくっつき合っているように見えることから、「泡構造」とも呼ばれます。

光年

1光年とは、光が1年間に進む距離のことで、約9兆5千億km。光が1秒間に進む距離は約30万km。1周4万kmの地球を7周半することになります。

オールトの雲

太陽系の外縁部を、ぐるりと大きく球殻状に取り囲む氷微惑星の集まりです。オールトの雲から長周期の彗星がやってきます。

図0-4：©NASA／JPL

図0-5：© 国立天文台天文情報センター

図0-6：©馬場 淳一、中山 弘敬、国立天文台4次元デジタル宇宙プロジェクト

図0-7：© 国立天文台4次元デジタル宇宙プロジェクト

図 0-4 太陽系

地球は太陽系の第 3 惑星。恒星である太陽の周りに 8 つの惑星とその周囲の衛星、小惑星、彗星などの小天体が存在しています。ただし、太陽系の質量の 99.8 ％が太陽なので、他の天体は太陽に比べるとみんなとても小さいことが分かります。なお、このイラストでは太陽が赤く表現されていますが、実際の太陽の色は白です。また、各天体の大きさや距離の比も正しくないので注意が必要です。(縣)
※冥王星は 2006 年に惑星の 1 つから太陽系外縁天体の代表へと分類が変わりました。

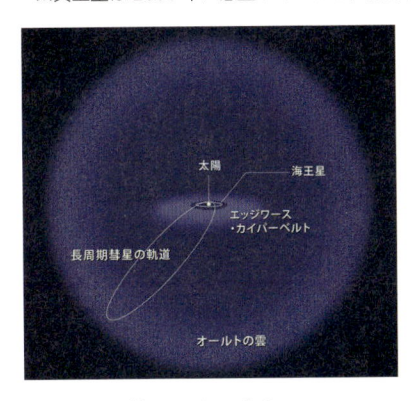

図 0-5 彗星のふるさと

海王星より外側に広がる太陽系外縁部から彗星が飛来します。周期が比較的短いものはエッジワース・カイパーベルトから、そして長周期のものは太陽系を球殻状に取り囲むオールトの雲からやってきます。通常、オールトの雲までを太陽系と呼びます。(縣)

図 0-6 宇宙は銀河でできている

今から 100 年前の 1924 年に、エドウィン・ハッブルの研究によって宇宙は銀河の集合体であることが判明しました。私たちの住む太陽系を含む銀河を、「天の川銀河」または「銀河系」と呼びます。(シミュレーション画像) (縣)

図 0-7 銀河の分布にはムラがある

このシミュレーション画像は、コンピューターシミュレーションの結果の宇宙の姿です。白い小さな点が銀河を示し、その周囲の青い部分はダークマターの分布を示しています。宇宙では、このように銀河が集まって銀河団や超銀河団が形成される一方、銀河がほとんど存在しない空間（ボイド）も形成されることが分かっています。これは、まだ未知の物質であるダークマターの仕業によるものです。(縣)

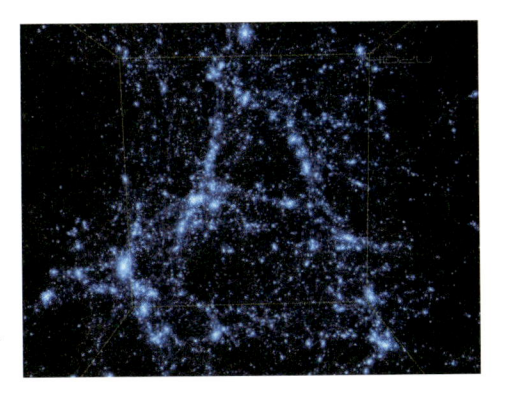

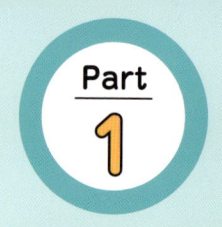

空と天気のしくみ

Part 1

青空、雲、雨、風などは、普段は意識しないことが多いかもしれませんね。でも、このパートを読めば、知らなかったことや意外なことが見つかって、今の空の様子や天気予報が気になってくるかもしれません！

空の魅力、不思議

● 虹のいろいろ

縣

世界中で美しい空や珍しい気象現象を撮ってこられましたが、気象のどんなところが一番おもしろいですか？

武田

大気の不思議さ、美しさ、形態のおもしろさでしょうか。例えば、虹。白い虹もあります（**図 1-1**）。1本じゃない虹も、虹の内側にさらに虹色ができる現象もあります（**図 1-2**）。

天気予報だって、外れることもあって、まだまだ分からないことがあるんです。そういった不思議な現象や、まだ分かっていないことを、ここでいろいろと紹介したいと思います。

 解説

光の回折・干渉

（図 1-2 補足）
光は波の性質があり、物体の後ろで回り込みます（回折）。その角度が色ごとに違い、別の光との間で強めたり弱めたりします（干渉）。（武田）

図 1-1 白虹
霧に朝日が当たってできた白虹で、霧虹ともいいます。霧の粒は雨の水滴よりもずっと小さいため、水滴から出る光が色分かれせず、7色が重なった白色に見えます。霧はすぐに晴れるので、白虹は短い時間しか見られません。（武田）

図 1-2　過剰虹

明るい虹の内側に、小さな虹が複数くっついたように見える珍しい現象です。ある条件のときに、光の回折・干渉（12 ページ参照）によってできると思われますが、条件があまりよく分かっていません。過剰虹はなかなか見られない現象です。（武田）

図 1-3　株虹

雨が空の一部だけに降っているときや、太陽光が限られた場所だけに当たったとき、虹の多くが雲に隠されたときなどに、地平線近くに小さく見られる虹です。（武田）

図 1-4　地平線近くの虹

太陽高度が 40 度に近いとき、反対の空の地平線上に小さく横になった虹ができます。この写真は望遠レンズで撮っていて、空が広く見える場所でないと気付きにくいです。（武田）

図 1-5　丸い虹

虹は本来、対日点（太陽と反対側）を中心に円形になるはずですが、雨が空に降るために、半円以下になってしまいます。足元まで人工的に雨を降らせたところ、丸い虹が見られました。（武田）

雲の様子で風を見る、天気を読む

縣

　雲の種類や動きから天気を予想することができますよね。基本的には、雲は西から東へ移動します。それは、その方向に風が吹いているからですよね。

武田

　中学校の教科書では、「日本の上空には**偏西風**が吹いていて、偏西風に流されて高気圧や低気圧が動いている」とあります。低気圧が近づくと、雲がだんだんと増えてきて、雨が降ります。

　ただ、偏西風は日本の上を吹かないときもありますし、強いときも弱いときもあります。空気は透明なので、高い空で偏西風がどのように吹いているかは見えないですよね。でも、巻雲（すじ雲、**図 1-6**）などの動きを見ると偏西風の様子が分かります。

解説

偏西風

中緯度地方で、だいたい西から東へ向かって高い空を中心に吹く風です。低緯度の暖かい空気と高緯度の冷たい空気の間にあり、地球の自転の影響を受けています。季節によって南北に動き、蛇行することもあります。この風によって高気圧や低気圧が移動し、天気が変化していきます。（武田）

図 1-6　地上から見上げた巻雲

最も高い空にできる雲で、氷の粒でできています。偏西風に流されると、すじが長くなり、雲の動きも速くなります。低気圧や台風の接近時に最初に近づいてくる雲でもあり、偏西風だけでなく、天気の変化も教えてくれます。（武田）

空の上に見られる巻雲はすじが伸びて見えますが、横から巻雲を見ると、斜め下に小さな氷の粒が落下しながら、すじができていることが分かります。

実は、**図 1-7** のように斜めに落ちています。そして、消えていきます。巻雲の中は氷の粒なので、なかなか蒸発せずに残る。だからすじになります。この巻雲の動きが、まさに偏西風が吹いている証拠で、風の動きも分かります。

縣

立体的に見るとこうなっているんですね！雲でこんなに細かいことまで分かるなんてすごいですね。巻雲の高さは、だいたいどれくらいですか？

武田

だいたい 10km ほどです。雲ができるところが対流圏（**7 ページ図 0-1**）で、その上部です。対流圏は、夏は 15km ぐらい。冬は 10km くらいまでで、日本の場合は平均して 12km くらいの高さまでです。その少し下あたりに巻雲ができやすく、それが偏西風に流されていくわけです。

図 1-7 横から見た巻雲

氷の粒が集まった雲から、重くなった氷の粒が下がりますが、本体が偏西風に流されているので、やや斜め下方へすじが伸びていきます。低い角度の空には、下から見るのとちょっと感じが違う巻雲が見られます。台風接近の場合は、すじは台風の方に向かっていきます。（武田）

低気圧が近づくと、高い空から湿った空気が入ってきます。**温暖前線**接近時には、巻雲（すじ雲）、巻層雲（うす雲）、巻積雲（うろこ雲）が最初に見られ、やや低い高積雲（ひつじ雲）、高層雲（おぼろ雲）もできていて、乱層雲（あま雲）になってしとしと雨が降ってくる、という流れがあるわけです（**図 1-8**）。

一方、**寒冷前線**のときは、急に積乱雲がやってきて、にわか雨が降る（**図 1-9**）。こういった変化は、大体は西から東に移動しますね。台風がきているようなときは例外ですが。

解説

前線、温暖前線、寒冷前線

大気の大規模なかたまりを気団といい、気団と気団の境界を前線面、前線面と地面が交わる線を前線といいます。冷たい気団を寒気、暖かい気団を暖気といいます。この 2 つの気団が接する前線上で低気圧（大気の渦）が発生するとき、寒気が暖気を押し上げながら進む寒冷前線と、暖気が寒気の上にはい上がって進む温暖前線ができます。

図 1-8　温暖前線の雲
低気圧や温暖前線が近づくとき、最初に巻雲や巻層雲がやってくることが多いです（左）。温暖前線が近づき、巻層雲や巻積雲が空に広がりました（右）。この後に低い雲がやってきます。（武田）

図 1-9　寒冷前線の雲
寒冷前線が近づき、晴れている空に大きな積乱雲が並んで見えた後、急な雨になりました（左）。寒冷前線接近時は、急に厚い雲に覆われ、にわか雨が降って気温が下がります（右）。（武田）

ちなみに、あまり知られていませんが、梅雨明けから1カ月半くらいの真夏には、日本列島の上を偏西風がほとんど吹かなくなります。真夏は、本州が沖縄の気候のような感じで天気の変化があまりなくなり、低気圧がほとんどやってこなくなり、ずっと暑い日が続きます。

南から湿った風が吹くとにわか雨が降ったりしますが、基本的には毎日同じような天気が続く。この毎日同じような天気が続く地域というのは、偏西風があまり吹かない場所の特徴なんですよ。**貿易風**帯のハワイなどがそうなのですが、日本も一時的になるんです。

そんなとき、台風が南の海上からゆっくりやってくることがあります。

 解説

貿易風

ハワイが位置する低緯度から赤道近傍では、地球自転の効果によって東から西へ地表風が吹いていて、これを貿易風といいます。

空の青さの理由

縣

空の色は場所によって違いますね。20代の頃（1986年）、オーストラリアのパースへ、ハレー彗星を見に行きました。現地の空を見て、日本とは空の青さが違うなって感じました。また、冬の星空を見ていると、空の空気が澄んでいると感じるのですが、どうして冬は澄んでいるのでしょうか。空の「色」や「澄んでいる」というのは、大気のどんな状態によるものなのですか？

武田

まず、空気中にあるものが「気体だけ」だと空気は透明なんです。そして、「**レイリー散乱**」というちょっと難しい言葉がありますが、太陽の光のうち、青っぽい色（波長の短い色）を中心に大気中に散らばるので、青く見えるということです。空気だけであれば、きれいな青色になります。

それに、水蒸気も気体であれば透明です。ただ、空には固体や液体も存在します。例えば、液体は水の粒の雲や雨ですね。

解説

レイリー散乱

光の波長よりもはるかに小さいサイズの粒子による光の散乱現象のこと。

固体は氷の粒の雲や雪など。あとは、雲にもならない小さな水滴とか、小さな氷の粒が浮いている場合があって、そういうものが空を白っぽくさせます。

それ以外にも、塵、大気汚染物質、黄砂などの微粒子もあります。そういった大気中に漂っているものをエアロゾルといいますが、エアロゾルが空に散らばるほど、空が灰色っぽくなったり黄色っぽくなったりして、青くなくなってしまいます（図 1-11）。

日本の場合は、周りが海に囲まれているのでもともと水蒸気が多く、水滴ができやすいということと、偏西風帯に位置しているので、大陸から黄砂が飛んできたり、PM2.5（2.5 μm 以下の非常に小さな粒子）がやってきやすかったりします。そのため、日本の空って真っ青な日より、かすんでいる日が多い。加えて、人口が多いですから（約 1 億 2,500 万人）、人間活動による大気汚染物質の量も多い。そういったことが原因です。

オーストラリアは人口が少ないので（約 2,600 万人）、おそらく大気汚染物質も少ない。さらには空気が乾燥しています。パースへ私が行ったときも、真っ青な空が見られました（図 1-12）。東側の地域には砂漠からの砂塵も少し見られましたが。

ちなみに、南極も真っ青でした（図 1-14）。南極の場合は、気温が低いことが大きな要因です。気温が低いと大気中の水蒸気が少ないので、青くなりやすい。ただ、赤道近くの海上でも、海が空気を浄化し真っ青な空を見ることができます。

解説

青空と、宇宙や海の色

青空にはさまざまな色が含まれています。青系の色の散乱が多いのですが、赤系の色も混じっています。しかし、人間の目は最も多い青色を強く感じます。夕方になると黄色やオレンジ色などが多くなるので、空は青くなくなります。雲や大気中の微粒子（エアロゾル）による散乱（ミー散乱）は、いろいろな波長の光を同じように散乱し、空が白色や灰色になります。月光の強い空も、やや青っぽく感じます。宇宙画の背景がしばしば、月明かりの空のような紺色になっていることがありますが、宇宙空間は空気がないので黒色です。

他方、海の青さにはまた違う理由があります。青色以外の色を水が吸収するため、深い海は青色だけの世界で、赤色などは黒っぽく見えます。0.5 m 以上の透き通った氷も同様に青く見えます。（武田）

図 1-10　青空と富士山

晩秋の乾燥した空気に覆われ、レイリー散乱によるきれいな青空と、少し雪の積もった富士山の色彩がきれいでした。乾燥した冬も澄んだ青空になります。（武田）

図 1-11　モンゴルの空

冬のモンゴルでは石炭などの燃焼による大気汚染があり、日中でも青空が見られません。空気は乾燥して水分は少ない一方で、塵や煤などのエアロゾルが大量にあります。（武田）

図 1-12　オーストラリアの空

オーストラリア西海岸のパースの街に、きれいな青空が広がっていました。南半球は海が広がって人も少ないため、空気のきれいな場所が多いです。飛行機がほとんど飛ばないため、高い空の飛行機雲がないことも、きれいな青空の一因でしょう。（武田）

図 1-13 アラスカの空

オーロラがよく見える内陸の池と森林と青空です。空が澄み渡り、きれいな水の池にはビーバーもすんでいました。夜にはたくさんの星とともにオーロラの光が揺らめいていました。山に登ると遠くまで見渡すことができました。（武田）

図 1-14　南極の空

南極大陸の近くの島に、繁殖期に集まったアデリーペンギン。空は真っ青で、気温は 0℃前後ながら、強い日差しを浴びて、羽毛が黒いペンギンが暖まっていました。これから産卵と子育てが始まります。（武田）

気温や水蒸気、風など、いろいろなことが青さに関わっていますね。同じ東京でも、夏と冬とで空の青さは違うのでしょうね。

夏は、空気中の水分が多いので、空に雲ができやすいです。夏にきれいな青空が見られるのは、雨上がりや、風の強いときですね。ただ、冬になると、太平洋側は空気が乾燥し、**季節風**で汚れた空気が吹き流されるので、平地でもきれいな青空を見ることができます。

夏の場合は、1,500m から 3,000m の高い山や、長野県のような標高が高い地域へ行くと青空がきれいですよね。

季節風（モンスーン）

季節風とは、季節で向きや強さが変わる風です。日本では、夏は南東から季節風が吹き、暖かく湿った空気を含んでいます。冬は、冷たく乾いた空気が吹き、日本海上で雲をつくって日本列島へやってきます。

関東でも、冬の夜空はきれいですね。これは季節風の影響なんですね。

乾いた風、いわゆる「からっ風」という水分が少ない乾いた風が吹くからです。水蒸気がほとんどないから、雲ができず、空の青さが引き立ちます。

雨上がりの空がきれいなのは、雨や雪がエアロゾルも落としちゃうからですか？ 乾燥して、塵粒もないから、光の散乱なんかが起きにくいということですか？

雨上がりや雪が降った後って、空がきれいですよね。さらに乾いた風が吹けば、空気中には塵も水滴もほとんどないわけです。そういった条件が整いやすい冬の太平洋側では、きれいな青空が見られますよね。レイリー散乱（**17 ページ参照**）で空が青くなります。

☀️ 風って何？

縣
　星を見るとき、風が吹くと星が瞬いています。望遠鏡で惑星を観察していてもゆらゆらとして表面の様子が見えない。天体観測にとって風って、実はとっても困るものなんですが、武田さん、そもそも風って何ですか？

武田
　場所によって空気の多い・少ないという違いがあり、それが**気圧**の違いです。つまり、空気を押し出す気圧の力があって、それによって空気が動くことが、風なんですよ。基本的には、高気圧から押し出されて、低気圧に吸い込まれるというしくみです。

縣
　天気図（**図 1-15**）では、等圧線というもので、気圧配置や風の強さを表していますが、そもそもどうして気圧差が生まれるのでしょう？

武田
　地球は太陽の光の当たり方が偏っていて、さらに陸と海があり、地球に熱いところと冷たいところができます。それが原因で、高気圧や低気圧ができます。地球が自転しているので、風はその影響も受けます。

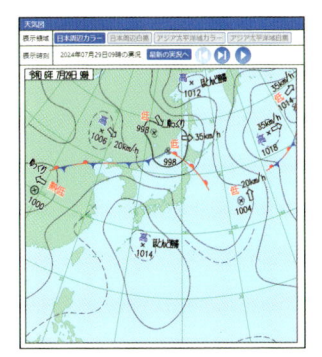

図 1-15　天気図と等圧線
等圧線とは、天気図上で同じ気圧値のところを結んだ線です。太い実線は 20hPa ごと、細い実線は 4hPa ごとに描かれています。

出典：気象庁「天気図」
（https://www.jma.go.jp/bosai/weather_map/）

📄 解説

気圧

気象では大気圧のことをいいます。海面の高さで平均 1,013hPa、$1cm^2$ あたり 1kg ほどの重さの力です。例えば縦横高さが 10cm の立方体の表面には約 600kg の重さの力が周りから働きますが、中の空気が押し返しているのでつぶれません。中の空気を何かで抜くと、ものすごい力でつぶれます。一方、宇宙ステーションは大気のほとんどない宇宙空間にあり、中の人間を守るために内部の気圧を上げています。そのため、内から外に向かって大きな力が働きますが、それに耐えられる構造になっています。（武田）

雨と雪のでき方

● 雨と雪の違いとは？

縣

　雨と雪の違いは何でしょうか？　最近も、大きなあられが降ったりしました。東京でも天気が雨になったり雪になったりします。どうしてこんなことが起きるのですか？

武田

　日本で降るほとんどの雨は、上空で雪が溶けたものです。気温が低ければ、雪は溶けずにそのまま雪として降ってきます。地上気温が大体2℃ぐらいになると、雨になりますね。水が氷になる0℃ではないんですよね。これがおもしろい。どうしてなのかというと、雪は周囲の湿度が100％でない場合は、蒸発しながら降っているんです。

　つまり、**気化熱**が奪われていて、雪が降ってくるときに雪自体が冷えるので、気温が2℃ぐらいまでは、雪のまま降ってきます。冷えながら降るから溶けないのです。

　空気の湿度が低ければ低いほど蒸発しやすいです。湿度が低いと、気温が6℃ほどでも雪が降ることがあります。逆に湿度がとても高いと、0℃近くでも雨になります。

　だから天気予報でも、雨か雪かの判断は難しいんです。1℃違うと、雪が雨に変わるし、その逆も起きます。東京の雪予報が難しいのはまさにそこです。

気化熱

例えばアルコールを皮膚に付けるとひんやりします。付けたアルコール自体が冷たいのではなく、アルコール（液体）が蒸発（気体）するときに熱（気化熱）を奪って冷えるからです。（武田）

● 雨が降るしくみ

武田

　ふつうは、雲の中に氷や水の粒があって、その粒が大きく、重くなって降ってきます。あられや雪が途中で溶けると雨になります。ただ、氷と水が雲の中に同時にあるということはすごく不安定な状態です。水蒸気が水から氷に移るということが起こり、氷が大きくなって降る。これを「冷たい雨」といいます（図1-16）。

　しかし、熱帯や亜熱帯ではしくみが違っています。積雲や積乱雲が湧きますが、暖かいので水の粒のままで、たくさんある水の粒がぶつかり合って大きくなり、重くなって降る。これを「暖かい雨」といいます（図1-16）。

図1-16　冷たい雨を降らせる雲（左）と暖かい雨を降らせる雲（右）

● ゲリラ豪雨は「冷たい雨」

武田

　夏に発生する**ゲリラ豪雨**は、「冷たい雨」に入ります。背の高い積乱雲から降る雨です。日本の積乱雲の上の方はマイナス40℃からマイナス60℃になっています。そこで氷の粒ができるわけですが、積乱雲は雲に高さがあるので、降る間に氷の粒がどんどん大きくなり、下の方では水の粒もぶつかる。だから、雨粒が大きくなります。

冷たい雨と暖かい雨の違い

雲の粒が集まって大きな雨粒になり、地上に降ってきます。その際、氷にならずに降ってくるものが暖かい雨です。一方で、上空の氷点下の場所でできた氷の粒が成長して落下し、0℃以上の暖かいところで溶けて降る雨を冷たい雨といいます。（武田）

積乱雲

積乱雲とは、強い上昇気流によって地上から上空に向かって著しく発達した雲です。雲の高さは10kmを超え、ときには成層圏に少しだけ入ることもあります。なお、夏によく見られる大きな入道雲も積乱雲です。（武田）

ゲリラ豪雨

ゲリラ豪雨とは、局地的に短時間で降る激しい雷雨のこと。規模が小さく、突発的かつ散発的に起きます。「豪雨」は本来、集中豪雨など被害のあるような大雨のことを指すため、「ゲリラ雷雨」が正しいのですが、マスコミは豪雨を使うことが多いです。（武田）

夏に雹が降る理由

 **縣**　夏なのに大きな雹（ひょう）（図1-17）が降りますよね。大きさはどのような要因で決まるんですか。積乱雲の高さ、密度、温度などがあるかと思いますが。

 **武田**　記録上、世界最大の雹が日本で降っていますからね。カボチャ大といわれている直径30cmぐらいのものがありました。空からそんな大きな氷が降ってきたら危ないですね。

雹は、降りながら一度氷の表面が溶けていたものが上昇気流に乗って上がり、再び凍って降りていくことを繰り返します。そして、木の年輪のように、層が重なって大きくなります。大きな雹を割ってみると、中に模様があって、何往復したかが分かるんです。

雹は危ないですが、もし家のそばで降ったら、止んだ後に拾って観察できます。でも夏だとすぐ溶けてなくなってしまうので、まずはすぐに冷凍庫に入れて、後からじっくり観察するという方法がいいでしょうね。

🔍 解説

雹

降ってきた氷で、直径5mm以上のものを雹といいます。ピンポン玉くらいになるとガラスが割れ、ニワトリの卵大くらいになると車が凹みます。雹でけが人が出たこともあります。（武田）

図1-17　雹
千葉県で降った氷に定規を当てたところ、6mmほどの雹でした。（武田）

天気予報の信頼度

縣　百葉箱の時代から、今は**アメダス**になり精度が上がって、気象レーダーやスーパーコンピューターも発達してきています。インターネットでも見れますし、天気の情報に関してあまり困らない時代になりました。

　一方で、今でもまだ「天気予報は外れるもんだ」みたいなことをいわれますよね。現在の天気予報はどれくらいの精度なのですか？

武田　地上や上空や宇宙からの観測により、ものすごい量のデータが集まっていて、それをスーパーコンピューターで瞬時に計算して、さまざまな資料を出すわけですね。それを基に気象庁の予報官や気象予報士が天気予報を出しています。

　天気予報は一般的にどのくらい当たるイメージでしょうかね。次の日か2日後の天気であればほぼ正確で、8割から9割の確率くらいで当たります。でも1週間先だと、当たる確率は7割、6割とぶれてきます。気象庁が公開している天気予報（週間予報）には、3日目以降の天気予報の「信頼度」も出ています（**図1-18**）。信頼度をA～Cで表示していて、参考になります（**表1-1**）。現状では、信頼度とその説明が示す通り、先の方はあまりあてにならないよと、コンピューターがいっているということです。

縣　アメダスやスーパーコンピューターの利用で、天気予報の精度はそんなに上がったんですね。私も最近はスマホのお天気アプリを活用していて、職場や出先から家族に「雨が降るから、洗濯物しまって！」とメッセージを送って感謝されることがあります。

解説

アメダス (AMeDAS)

Automated Meteorological Data Acquisition System の略で、「地域気象観測システム」といいます。降水量、風向・風速、気温、湿度、積雪などの観測を自動的に行います。1974年に運用を開始し、現在、降水量を観測する観測所は全国に約1,300カ所（約17km間隔）あります。

日付	今日 05日(月)	明日 06日(火)	明後日 07日(水)	08日(木)	09日(金)	10日(土)	11日(日)	12日(月)
大阪	曇時々晴	晴時々曇	晴時々曇	曇時々晴	曇一時雨	曇時々晴	曇時々晴	曇時々晴
降水確率(%)	-/-/30/30	20/10/30/20	30	40	50	30	30	30
信頼度	-	-	-	B	C	B	A	B
最低/最高(℃)	- / 37	29 / 37	29 / 35	28 / 35	28 / 34	28 / 34	28 / 35	28 / 36
高松	晴時々曇	晴時々曇	晴時々曇	曇時々晴	曇一時雨	曇時々晴	曇時々晴	曇時々晴
降水確率(%)	-/-/20/20	20/20/20/20	20	40	50	30	30	30
信頼度	-	-	-	C	C	B	A	A
最低/最高(℃)	- / 36	29 / 36	28 / 36	27 / 35	27 / 34	27 / 34	27 / 35	27 / 35

図 1-18　気象庁の週間天気予報のキャプチャー画像（2024 年 8 月）

出典：気象庁「天気予報」（https://www.jma.go.jp/bosai/forecast/）

信頼度	内容	検証結果※
A	**確度が高い予報** ・適中率が明日予報並みに高い ・降水の有無の予報が翌日に変わる可能性がほとんどない	・降水有無の適中率：平均88% ・翌日に降水の有無の予報が変わる割合：平均1%
B	**確度がやや高い予報** ・適中率が 4 日先の予報と同程度 ・降水の有無の予報が翌日に変わる可能性が低い	・降水有無の適中率：平均73% ・翌日に降水の有無の予報が変わる割合：平均6%
C	**確度がやや低い予報** ・適中率が信頼度 B よりも低いもしくは ・降水の有無の予報が翌日に変わる可能性が信頼度 B よりも高い	・降水有無の適中率：平均58% ・翌日に降水の有無の予報が変わる割合：平均16%

表 1-1　気象庁「週間天気予報」の信頼度について

※検証結果は、2014 年 12 月までの 5 年間のデータによる。

出典：気象庁ウェブサイトより引用（https://www.jma.go.jp/jma/kishou/know/kurashi/shukan.html）

天気予報はずれる

武田

「天気予報が外れる」ってよくいわれますが、ある人が、「『天気予報外れる』じゃなくて『天気予報はズレる』だ」っていっていて。まさに、「外れる」ではなく「ズレる」んですね。時間的にも空間的にもズレるんです。これを知っていれば、外れたというより、ちょっとズレちゃったんだととらえられて、「コンピューターも、まあまあ計算できていたんじゃないかな」と思うこともできますね。

2日後くらいまでの予想の精度が高いわけですが、もっと先については何を出しているかというと、**アンサンブル予想**という手法で、確率を出しているんですよ。例えば1カ月先、「暖かくなる確率が40％、寒くなる確率が20％、残りの40％が真ん中くらい」という予想で、それをどう見るかが大事になってきます。

確率を出しているということは教科書にものっていませんし、あまり知られていないかもしれませんね。

ズレも確率で考えられます。例えば台風の予想円は「70％の確率で円の中に入ってくるけども、30％は入らないよ」ということです（図1-19）。こういうことを理解すると、天気予報の見方やとらえ方も変わるんじゃないかなと思います。

解説

アンサンブル予想

アンサンブル予想では、観測で得られたデータに基づいて初期値を決めます。初期値がほんの少し違うだけで、先々の予想結果が大きく変わります。そこで、初期値を変えたいくつかの計算をして、その最大公約的なものを天気予報として出しています。（武田）

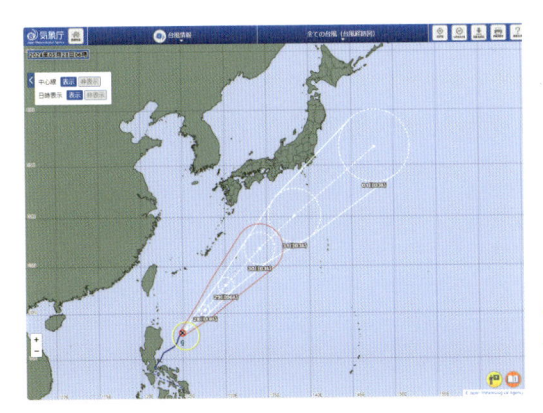

図1-19　台風1号（2024年）の進路予想図

出典：気象庁「台風情報」
(https://www.jma.go.jp/bosai/map.html)

積乱雲とゲリラ豪雨

● 天気予報で今、一番困っていること

武田

　ふつうは、天気は西から東へ変わっていくものですが、例外もあります。ゲリラ豪雨（**23ページ参照**）も例外の1つで、原因である積乱雲（**図1-20**）は、いつどこで発生するのかがなかなか読めません。「発生しそうな状況」は分かっていて、大気の状態が不安定なときにどこかに発生します。

　積乱雲は20分から30分ほどで成長して急に大雨を降らせ、1時間ほどで消えてしまいます。積乱雲の発生や成長に気付かないと急な雨に驚き、それがゲリラ豪雨といわれている理由です。

図1-20　積乱雲
発達した積乱雲の雲頂が平らになっています。これは上昇気流が、暖かい成層圏に入っていくことができず、横に広がったためです。この雲の下では激しい雨が降っています。（武田）

　今、天気予報で一番困っている現象がこれです。積乱雲の発生予想がなかなかできないことが、天気予報が外れてしまう原因の1つです。積乱雲の発生予想は、スーパーコンピューターですら正確にできません。

　では、現状どうしているかというと、どこかで積乱雲が生まれたら、「これから10分、20分、30分後にこのエリアに雨が降る」という予報を出しています。**竜巻**については直前になって竜巻注意情報を出していますが、直前じゃないと出せないんですね。

　メソスケールという2kmから2,000kmぐらいのスケールは、スーパーコンピューターで計算できますが、よりローカルな小さなスケールは、さすがのスーパーコンピューターでも苦手なんですね。ちょっとした大気の影響でも天候が変わってしまいます。

　地球全体では約13kmメッシュで計算し、日本付近は2kmや5kmメッシュで行っていますが、積乱雲の発達の始まりは、2kmメッシュだとうまくとらえられないことがあります。

竜巻

竜巻は、大きな積乱雲の底から漏斗状に雲が垂れ下がり、陸上や海上に達した激しい空気の渦巻です。地上付近の空気の回転が上昇気流に持ち上げられ、回転が細く速くなることが多いです。日本では台風の接近しやすい夏から秋に多いですが、海上では冬などでも見られます。(武田)

図 1-21　発達した積乱雲による激しい雨
発達した積乱雲によって、1時間に100mmに達するような猛烈な雨が降ったときの様子です。駐車場は排水が追いつかず、車が走れない状況でした。アンダーパスなどの低い場所に一気に水が流れていきます。(武田)

● 積乱雲は、わた雲が成長した雲

縣 2km メッシュの観測でとらえられないということは、積乱雲になる前の雲の大きさは数百 m くらいの規模なわけですか？

武田 その通りです。スマートフォンのプッシュ通知で「これから大雨が降りますよ」という知らせがきますよね。あれは積乱雲ができたのを確認したから知らせることができているわけです。さらにその前に予想することは難しいのです。

縣 それは、竜巻がどこで発生するのか読みにくいことと同じようなものなのですか？

武田 竜巻は、積乱雲が発生・発達してから起こる現象なので、積乱雲ができて、ドップラーレーダーなどで積乱雲の中の空気の流れを読めれば、予想できます。ただし、発生の 10 分から 20 分前でないとなかなか予想はできません。

一方、積乱雲の場合は、どこでできるのかがそもそも分からない。できてしまえば、「これくらいの規模だから雨がこれだけ降る」といったことが予想できますが。しかし、1 時間先、2 時間先までは読めず、予報のネックになっているわけです。

縣 積乱雲ができる高さはどれくらいなんですか？ そもそも、積乱雲になる前の雲は、どういうものなんでしょう？

武田 上空 2km 以下でできます。積乱雲のもともとの雲は、**わた雲**（図 1-22）の積雲なので、低いんですね。

わた雲（積雲）

地表から暖かく湿った空気が上昇して冷え、水蒸気がたくさんの水滴になってできた雲です。下の方が平らになることが多いのは、水滴ができる高さ（凝結高度）を示しています。さらに上昇すると、カリフラワーのようにたくさんの丸みができて、入道雲（雄大積雲）になります。その後に積乱雲に発達するものもあります。（武田）

図 1-22 わた雲（積雲）

縣 あ！ この写真のようなわた雲が積乱雲になるわけですか。なるほど見えてきました！ わた雲が積乱雲になるけども、どのわた雲が積乱雲になるかは分からないということですか？

武田 そうなんですよ。低い空のわた雲が入道雲になって、大きな入道雲が積乱雲になります。わた雲が何百個もあって、そのうちの 1 個程度が積乱雲になるんです（笑）。

わた雲を見ていると、どんどん大きくなっている雲があります。目で見ていれば、「あの雲が危ないな」というのが分かるんですね。積乱雲の発達までは 10 分から 20 分かかります。雨が降るまでは 30 分程度かかるので、ずっと目で追っていれば、ゲリラ豪雨を避けることができます。

縣 大雨が降る前はだいたい、暗くなって寒くなりますよね。その前から雲の様子を気にする必要があるのですね。ということは、地上に監視カメラを置いて、リアルタイムで確認するのがよいのかもしれませんね。

異常気象が発生する原因

縣

　ゲリラ豪雨（**23 ページ参照**）もそうですが、近年、異常気象に関する災害や報道が目立ちます。これは、大雨や竜巻を起こすような積乱雲が各地で増えているということですか?

武田

　はい、地球温暖化で気温が上がり、その分大気中の水蒸気（飽和水蒸気量）が増えるので、積乱雲ができやすい状況にあります。一気に降る雨の量も多くなっています。

年	過去 5 年平均 （2019 ～ 2023）	2022 （計）	2023 （計）
回数	55,710	75,680	93,590

表 1-2　ゲリラ雷雨発生回数（全国）
集計期間は 7 月 1 日～ 9 月 30 日。
出典：ウェザーニュース「ニュース」より引用（https://jp.weathernews.com/news/44939）

武田

　しかも、ゲリラ豪雨は「降ったら終わり」とならない場合があります。雨が降り、冷たい空気が広がります。それが周囲に影響しますから、次の積乱雲が生まれる原因ともなり、次々に連鎖していくわけです。積乱雲は移動しますが、その後ろにまた次の積乱雲が出てくる。そうすると、**線状降水帯**となって、どんどん雨が激しくなるのです。そのようなしくみがなんとなく分かってきましたが、線状降水帯の予報は難しいですね。

　さらに、日本ではこれまであまり知られていなかった**スーパーセル（超巨大積乱雲）**もまれに発生しています。その超巨大積乱雲が竜巻や**ダウンバースト**という現象を起こすことがあります。激しい雷も起きます。

📑 解説

線状降水帯

線状降水帯とは、次々と発生する発達した積乱雲が列をなし、数時間にわたってほぼ同じ場所を通過・停滞することで作り出される降水域です。長さ 50 ～ 300km 程度、幅 20 ～ 50km 程度の線状に伸びています。毎年のように災害の原因となっていますが、発生メカニズムについて未解明なことが多く、予想も難しい状況です。

スーパーセル（超巨大積乱雲）

水平スケールが数十 km の巨大な積乱雲です。通常の積乱雲よりも寿命が長い（数時間）ことなどが特徴です。

ダウンバースト

積乱雲から吹き降ろす下降気流が地表に衝突し、地面と水平に吹き出す激しい空気の流れをいいます。

縣

　最近見聞きすることが増えた災害をもたらすような現象も、地球温暖化の影響なんですね。気温の上昇が大きな原因なんですか?

武田

　気温の上昇に加えて、日本は海に囲まれているということも要因です。日本周辺の海水温が上がってきていて、蒸発した水蒸気がたくさん入ってきやすくなりました。

縣

　水蒸気といえば、台風は赤道に近い熱帯や亜熱帯の海上で発達しますよね。一方で、台風が発生する場所は、この数年は北側に多いといわれていましたが、そういう傾向が続きそうなのですか。

武田

　2023年に関しては、その傾向は低かったですね。海がかなり暖かかったのに。だから、そこは単純じゃないようです。海から水蒸気がいっぱい上がっても、台風の渦ができるかどうかとはまた別のことのようです。

縣

　そこは気まぐれなのか、理屈なのか、読みにくいということでしょうか。そのあたりを調べた研究はあるのですか?

武田

　スーパーコンピューターで**地球温暖化のシミュレーション**をすると、台風の数は減るけれども強い台風は起こりやすくなるといわれています。

　近年では2019年などに被害の大きな台風が上陸しました。これからも起こるだろうし、実際に今まで経験していないような雨や風というのが日本各地で発生していますから、今後警戒しなくてはいけないものですよね。

地球温暖化のシミュレーション

例えば、海洋研究開発機構と東京大学が2017年に、「NICAM」という地球全域の雲の生成・消滅を詳細に計算できる高解像度の全球気象モデルとスーパーコンピューターを用いて将来の気候をシミュレーションした結果を公表しました。それによると、1979 ～ 2008年の期間に対して、2075 ～ 2104年の台風活動は、地球全体の平均で22.7%減少する一方で、強い台風の発生数は6.6%増加、台風に伴う降雨量は11.8%増加となりました。

武田

地球温暖化について多角的に考えてみよう

▶ 要因は1つとは限らないということ

　今の地球温暖化は人間活動の影響が大きいですが、それ以外にも地球環境が変わる要因があります。自然はいろいろなことが起こります。人間活動だけでなく、火山活動や隕石の影響、さらには宇宙的な要因の気候変動が起こる可能性もあります。この先も、コンピューターのシミュレーションの通りには行かないかもしれません。

　気象工学という、人工的に気候のシステムに介入して地球環境が抱える問題を解決することを目指す研究があります。その分野のアプローチとして例えば、「成層圏に塵をまく」というものがあります。このアプローチで、地球の気温は簡単に下がります。

　でも、それを実際にやってよいのでしょうか？　地球の気温が下がれば、すべて解決するのでしょうか？　何か新たな問題が起きるかもしれないですよね。地球の環境を人間が勝手に変えてよいのか、という倫理的な議論もあります。

　地球温暖化という問題1つとっても、さまざまなことを想定して物事を考えるということが必要なのではないかと思います。

▶ 長期的な視点を持つこと

　そもそも、今の地球の「氷がある」という環境は、長い地球の歴史のなかではあまりなかったことです。地球は今、氷河時代。氷河時代のなかでも今は間氷期で、それは氷期と氷期の間で、やや暖かいです。

　氷河時代が終わったら、気温が大きく上がります。地球を長期的に見れば、今は寒い時代で、その時代のなかでちょっと暖まったり寒くなったりを繰り返し、いずれは恐竜がいた頃のように暖かくなるでしょう。

　このような何百万年、何千万年という時間軸と自分たちが生きている時間軸はあまりにも違いすぎるのですが、スケールを広くとると、異なる視点を持つこともできます。

Part1のまとめ

・虹にもいろいろある

　ここで紹介した虹以外にも、さまざまな虹や虹色の現象があります。一方で、虹の発生には一定の条件（季節、時間帯、見る人との位置関係や角度など）があります。また、「七色の虹」といわれるように、虹はいろいろな色が見られます。この先のパートでは、「スペクトル」や「分光」を取り上げますが、虹の色の見え方やしくみを知る上で大切なので、参考にしてみてください。

・雲で天気を予想する

　透明で見ることができない大気を、雲の動きによって"見る"ことができます。また、雲の形状や動きは大気の状態と密接に関わっています。ゲリラ豪雨や線状降水帯は、前もって予報することが難しい現象です。空に漂っている積雲が積乱雲に発達し、ゲリラ豪雨をもたらすまでが短時間であるためです。ただ、積雲が発達する様子を見ていれば、自分の周りでゲリラ豪雨が起きそうかどうかを予想することはできるかもしれません。

・雨と雪

　雨が雪に変わったり、雪が雨に変わったりすることがあります。不思議な現象ですが、上空と地上の気温差や、雪や雨が降るときに生じる気化熱が関係しています。また、雨には、冷たい雨と暖かい雨の2種類があり、それぞれ理屈が異なっています。夏に発生するゲリラ豪雨は、冷たい雨に分類されます。

・天気予報の精度

　気象観測の技術は発達を続けていますが、天気予報の精度は100%ではありません。「予想外れる」ではなく、「予想はズレる（時間的・空間的に）」ととらえることが1つのポイントです。長期的な天気予報は、「アンサンブル予想」という、いくつものシミュレーションの値の平均値を出したものです。

気象の季節、天文の暦

気温に基づいた季節と天文学的に定める暦には、季節感のズレがあることに気付いていましたか？　その理由を紐解きます。

縣

現在、日本で使われている暦は「太陽暦」です。地球が太陽の周りを1周公転する時間を1年とする暦です。太陽暦のなかでも世界共通の暦として**グレゴリオ暦**が採用されています。中学校3年の理科で地球の自転や公転、そして季節変化について学習しますが、これは、時刻と暦の考え方を理解するためでもあります。

> **解説**
>
> **グレゴリオ暦**
>
> 1582年、ローマ教皇グレゴリウス13世により導入された太陽暦です。

武田

太陽が一番高いときを夏至（**図1**）といいますが、日本の場合、夏至が最も暑い時期ではありません（2024年の夏至は6月21日）。一般に日本において最も気温が高いのは、7月の終わりから8月の初めです。1カ月以上遅れるんですね。冬至と冬の気温の関係も同様です。

気象で定めている季節は、太陽の南中高度ではなく気温で決めています（**表1**）。地面は太陽の光で暖まりますが、それによって気温が上がるのには少し時間がかかります。海面が暖まるのはさらに遅れます。したがって、大陸で気温が上昇した後に、海に囲まれた日本は気温が遅れて上がります。冷えるのも同様に、陸より海が遅れます。そのため、大陸の国より島国の日本は季節の変化が遅れるのです。

縣

気象の季節は、実際の自然界の変化。気団の配置や勢力、気温の変化ですよね。日常生活のなかでも、3月から5月が春と感じるといったように、教科書も基本的には、この体感に沿っているのだと思います。

一方で、天体観測でも季節を決めています。というのは、国立天文台で暦を作っているからです。365.24219日という、太陽暦での1年の期間は天体観測によっ

図1　夏至の影
木の影が木のほぼ真下にきていることが
分かります。（武田）

春	3〜5月までの期間。
夏	6〜8月までの期間。
秋	9〜11月までの期間。
冬	12〜2月までの期間。

表1　気象の四季の区分
出典：気象庁「時に関する用語」を基に作成
(https://www.jma.go.jp/jma/kishou/know/
yougo_hp/toki.html)

て決めたわけです。1年の周期の長さを正確に測るために、太陽が真東から昇って真西に沈む日、すなわち春分と秋分がいつになるかを観測します。

　春分の後は、太陽が昇ってくる方角は、真東より北寄りになっていくわけです。だから、年間での太陽の出現する方角を観察すると、太陽が南側から昇って、真東になって、だんだん北寄りになっていくときが春分。その反対の動きが秋分。春分と秋分は、極めて明確に観測から決まりますよね。

　国立天文台で行っているのが、太陽の運行から春分の日と秋分の日を決めること。また、太陽が真南にきたときの高度を南中高度といいますが、年内で最も高くなるのが夏至、反対に一番低くなるのが冬至です。

とはいえ、この4つの点が何月何日になるかは、年によって違うので、国立天文台が観測を基に『暦要項』を前年の2月1日に発表するわけです。

　ただ春分、夏至、秋分、冬至の4つの日だと、ちょっと大雑把すぎて季節感が出ないですよね。古代中国で紀元前100年頃に「二十四節気」（**表2**）が誕生しました。太陽の動き（＝地球の公転）で、季節を4分割じゃなくて、24分割したのです。それが、武田さんがおっしゃった「気象が決めている季節」と合っていないわけですね。二十四節気を決めたのは、大昔の中国で、その当時の黄河流域の気候に合わせて作っているので、日本の気候とはもともと全く合わないんですね。

武田

　大陸である中国では、2月の頭には春を感じたんでしょうかね。太陽の光も強くて、気温もだいぶ上がっているでしょうから。先ほどもいったように、日本は周りが海だから気温の上下が太陽の動きからちょっと遅れます。同じ7月でも、やっぱり大陸の方が日本よりも暑く感じますよね。冬の到来もたぶん早い。

　いわゆる暦の上の季節と、正しい季節、気象学が使っている季節は別物なので、日本では「暦の上では」っていう枕詞を付けないといけないんでしょうね。二十四節気は中国ででき、それを細分化した「七十二候」もあります。それが日本に伝来し、日本の気候に合わせたものが「新制七十二候」。

縣

　例えば、豆まきとか、節分とか、彼岸とか、季節に合わせていろいろ付け加えていったんですよね。こちらは日本の気象に結構合っていておもしろいですね。

武田

　四季っていうのは、温帯地域の特徴であって、四季がある国は多くないですね。雨季と乾季だったり、夏と冬しかなかったり。そういう地域では、季節感というものをあんまり気にしていないようです。

　日本人は、手紙なんかで「**時候の挨拶**」を添えますよね。私が書くときは職業柄なのか、いつも迷ってしまいます。「今は冬かな、春かな」とか（笑）。

> **解説**
>
> **時候の挨拶**
>
> 手紙などを書くときに用いる、季節の言葉を用いた挨拶文です。二十四節気がもとになっています。例えば1月の挨拶には、「初春の候」、「新春とは名ばかりの厳しい寒さが続いておりますが、いかがお過ごしでしょうか」などがあります。

四季	名称	月	太陽黄経	説明
春	立春 りっしゅん	正月節	315°	寒さも峠を越え、春の気配が感じられる
	雨水 うすい	正月中	330°	陽気がよくなり、雪や氷が溶けて水になり、雪が雨に変わる
	啓蟄 けいちつ	二月節	345°	冬ごもりしていた地中の虫がはい出てくる
	春分 しゅんぶん	二月中	0°	太陽が真東から昇って真西に沈み、昼夜がほぼ等しくなる
	清明 せいめい	三月節	15°	すべてのものが生き生きとして、清らかに見える
	穀雨 こくう	三月中	30°	穀物をうるおす春雨が降る
夏	立夏 りっか	四月節	45°	夏の気配が感じられる
	小満 しょうまん	四月中	60°	すべてのものがしだいに伸びて天地に満ち始める
	芒種 ぼうしゅ	五月節	75°	稲などの（芒のある）穀物を植える
	夏至 げし	五月中	90°	昼の長さが最も長くなる
	小暑 しょうしょ	六月節	105°	暑気に入り梅雨の明ける頃
	大暑 たいしょ	六月中	120°	夏の暑さが最も極まる頃
秋	立秋 りっしゅう	七月節	135°	秋の気配が感じられる
	処暑 しょしょ	七月中	150°	暑さがおさまる頃
	白露 はくろ	八月節	165°	しらつゆが草に宿る
	秋分 しゅうぶん	八月中	180°	秋の彼岸の中日、昼夜がほぼ等しくなる
	寒露 かんろ	九月節	195°	秋が深まり野草に冷たい露が結ぶ
	霜降 そうこう	九月中	210°	霜が降りる頃
冬	立冬 りっとう	十月節	225°	冬の気配が感じられる
	小雪 しょうせつ	十月中	240°	寒くなって雨が雪になる
	大雪 たいせつ	十一月節	255°	雪がいよいよ降り積もってくる
	冬至 とうじ	十一月中	270°	昼が1年で一番短くなる
	小寒 しょうかん	十二月節	285°	寒の入りで、寒気が増してくる
	大寒 だいかん	十二月中	300°	冷気が極まって、最も寒さがつのる

表2　二十四節気

二十四節気は、1年の太陽の黄道上の動きを視黄経の15度ごとに24等分して決められています。太陰太陽暦（旧暦、**40ページ参照**）では季節を表すために用いられていました。

出典：国立天文台暦計算室

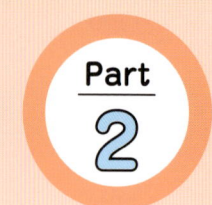

Part 2　地上から月・太陽・星を見ると

月、太陽、星の見え方は、場所や季節によって本当にさまざまです。どうして見え方の違いが生じるのでしょうか？　大気の状態や地理の特性を押さえながら、その要因を探ってみましょう。きれいな星空を見るためのポイントも紹介します。

いろいろな月の表情

武田

　月は夜空で煌々と輝いています。大気を通すとさまざまな色合いを見せますね。赤い月、オレンジ色の月など、日によっても違います。

　月の光は明るいので、天文の観測にとっては邪魔な光なのかもしれないですけどね。ただ、月の光って、昔は大事にされていたわけです。夜は月明かりで行動していたし、満月（**図2-1**）の夜が明るいから盆踊りができたわけです。

縣

　盆踊りは各地の夏祭りやお盆の頃にやるわけですよね。そもそもは**旧暦**の 15 日、すなわち満月の頃にやっていたことでしょう。

　月明かりってすごいですよね（**図2-2**）。私は子どもの頃、よく月夜の晩は影踏み遊びっていうのをやりました。今は、都会の人は街明かりと月明かりの区別は付かないでしょうね。

　さて、先ほど武田さんがおっしゃった通り、天体観測では、月の光がすごく邪魔なんです（笑）。月の光があると、銀河のような暗い天体の観測ができないんですね。1 つエピソードがありまして、私が大学生の頃、埼玉県の秩父にある東京天文台堂平観測所（現・堂平天文台）に行ってたんです。堂平観測所には 91cm 反射望遠鏡があって、学生時代は赤外

図 2-1 満月

満月の光の強さは太陽の数十万分の 1 しかありませんが、目が慣れるとかなり明るいです。雲も水面も輝きました。（武田）

図 2-2 月明かりで見えた富士山

よく晴れた夜間に、白い富士山が空に見えたのは、月明かりが当たっていたからです。雪は反射率が大きく、富士山の存在がよく分かりました。（武田）

線観測の立ち上げを手伝っていました。先ほど月の光は邪魔だといいましたが、赤外線観測には影響がありません。赤外線の波長というのは、月の光の波長とは関係ないわけです。月の明かりって太陽光を反射しているだけなので、あまり赤外線を発しないんです。

　私は赤外線天文学の研究をお手伝いしていたので、大学1年生の冬から卒業するまで、毎月1週間は大学にいなかったのですが、周りの人は「そういえば縣いないな。そっか、満月なんだ」というふうになっていましたね（笑）。

武田

　逆に、気象分野にとっては、月明かりで夜でも雲が見えるので歓迎です。いろいろな光学現象も見ることができます。月暈をはじめ、月光環、月の彩雲、幻月も。月虹も含めると、太陽光で見られる現象が全部あっておもしろいんです（図2-3 〜 2-6）。

の新月の日がやってくると、それを次の月の1日としました。

図2-3　月暈

月の周りに氷の粒からできた巻層雲（うす雲）が広がったとき、月を中心とした円形の淡い光が見られました。暗い場所で目を慣らしてやっと分かる淡い光です。ちなみに、巻層雲が広がるのは天気が悪くなる前が多いです。（武田）

図 2-4　月虹

月の虹はとても淡いです。満月前後の明るい月が昇った頃、反対側の空に雨が降っているとき、空の暗い場所でぼんやりと見えました。肉眼では色が分かりにくいです。ただ、このような条件になることはまずないので、日本で月虹を見た人はほとんどいないでしょう。（武田）

図 2-5　月光環

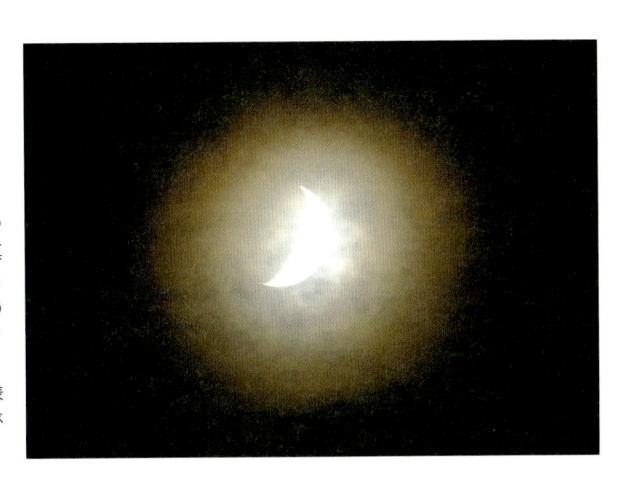

満月前後の方が光環は明るいのですが、あえて欠けた月の写真をお見せします。巻積雲（うろこ雲）に月が覆われると、月の周りに円盤状の色の付いた輝きができます。光環は外側が赤くなりやすいです。巻層雲と同様に、巻積雲が広がるのは天気が悪くなる前が多いです。（武田）

図 2-6　月光の彩雲（左）と太陽光の彩雲（右）

太陽光の彩雲はよく知られていますが、月光の方がまぶしくないため、彩雲を観察しやすいです。巻積雲（うろこ雲）か、薄い高積雲（ひつじ雲）が月の近くで彩雲になりやすいといえます。また、満月に近い方が明るいので、彩雲がよく見えます。（武田）

太陽は何色？

武田

　ところで、日本の絵本や教科書のイラストでは、太陽を赤っぽく描いてあったりしますよね。高い空にある太陽は赤くないと思うのですが。

縣

　「太陽は赤い」というイメージが日本人のなかでは強いですよね。ただ、太陽も月と同じで、いろいろな色に見えます。国旗の「日の丸」（**図2-7**）の影響もあるんでしょうけど、子どもたちは太陽を描くときに赤く塗っちゃうんですよね。赤は夕日の色ですが、「太陽はいつも赤い色」という先入観を抱かせちゃうんじゃないかなと思います。

　天文分野では、X線で観測した太陽（**図2-8**）を赤く着色することも多く、その影響も少しはあるかもしれません。本当は赤くはないんだけどね。

武田

　本来は黄色に近い白ですね。太陽は、**恒星の**
スペクトル型でいえばG型になりますね（**表2-1**）。

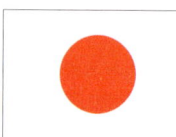

図2-7　日本の国旗「日の丸」

恒星と惑星

恒星は自ら光を発して輝く星です。惑星は、恒星の周りを回る星です。惑星は恒星の光を反射することで見ることができます。

スペクトル

スペクトルとは、光をはじめとする電磁波の波を、分光器やプリズムを通して波長ごとに分解し、波長の強度分布を示したものです。分光器は天文学の発展に大きく関わりました（115〜117ページ参照）。

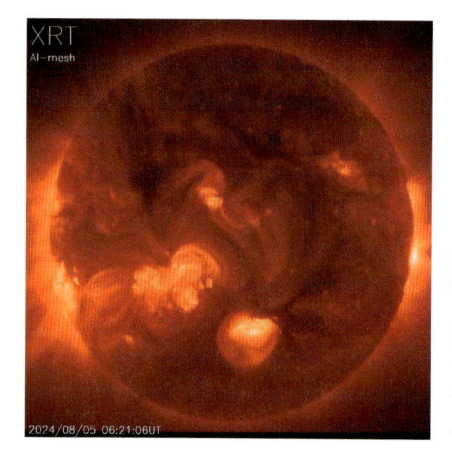

図2-8　太陽のX線画像

この画像は赤い色に着色しており、X線画像のもとのデータはモノクロです。

© 国立天文台/JAXA/MSU

太陽は、外国ではかなりまぶしいです（**図2-9**）。日本は大気中に水分が多いからモヤモヤして、霞みがかったりすることも多く、太陽は地平線上で赤くなりやすくてあまりまぶしくない（**図2-10**）。

　一方で、ハワイなんかでは外に出た瞬間にまぶしくて、沈む太陽はオレンジ色に見えます。南極でもまぶしいオレンジ色に見えることが多かったですね。

型	表面温度（K）	恒星の例	色
O型	29,000 以上	15Mon	青白
B型	29,000 〜 9,600	リゲル、スピカ	青白
A型	9,600 〜 7,200	ベガ、シリウス	白
F型	7,200 〜 6,000	プロキオン、カノープス	薄黄
G型	6,000 〜 5,300	太陽、カペラ	薄黄
K型	5,300 〜 3,900	アークトゥルス、アルデバラン	オレンジ
M型	3,900 以下	ベテルギウス、アンタレス	赤っぽい

表2-1　恒星の分類（スペクトル型）
星の放射スペクトルによる恒星分類で用いられるグループです。化学組成の違いに対応するR型、N型、S型という型もあります。（縣）

図2-9　オーストラリアの夕日
オーストラリア西部のパースの海岸の空は、とても澄んでいて、太陽はまぶしいまま、赤くならずに水平線に近づきました。このような明るい夕日は、最後に消える瞬間にグリーンフラッシュ（**61ページ参照**）になることがあり、この日も少しだけ見られました。（武田）

図2-10　日本の夕日
日本では空に水分や塵が多いので、太陽の光が弱くなって赤く見えることがよくあります。特に関東平野では空気が濁っていて、写真のように、より赤くなりやすいです。日の丸に似た感じで、日本人は赤色の太陽を描くことが多いですね。（武田）

縣　国や地域によって太陽の色の見え方というのは、大きく違うんですね。その要因には、湿度が関係しているわけですか？

武田　湿度に加えて、塵やもやも影響しています。外国の人が描く太陽って、だいたい黄色かオレンジですよね（図2-11）。

縣　湿度もあるし、塵もある。その影響で赤くなると。気象が、日本から見える太陽を赤くしているわけですね。

武田　そう思います。ただ、真っ赤な太陽が見える場所は日本でも限られています（笑）。京都や長野などの盆地だと、真っ赤に見えないはずです。国土の7割は山岳地帯なので、日本で真っ赤に見える場所は、海沿いか大きな平野か山の上に限られます。

図2-11　太陽が描かれた国旗の例
左から、アルゼンチン共和国、キリバス共和国、ナミビア共和国。これらの国以外にも、太陽をモチーフとした国旗は多くあります。描き方や色の違いに注目して見てみてください。

星が瞬くわけ

星の見え方と大気の関係

縣　　子どもたちが星の絵を描くとき、よく★の形にしますよね。でも、星って本当は点像ですよね。

武田　　金星のような明るい星を肉眼で見ると、そんな感じに見えますよね（**図 2-12**）。そのあたりから星をそういうふうに描くようになったのではないでしょうか。

図 2-12　金星の輝き（月とともに）
金星は、月よりも単位面積あたりの輝きが強く、そのまぶしさから、人間の目の中で光条（放射線状に広がる光のすじ）ができやすくなります。それが★の形になっていったのかもしれません。カメラのレンズや望遠鏡の構造によっても光条ができることがあります。（武田）

縣

　星が瞬いてゆらゆらしているのは、天体観測では非常に困るんです。星がゆらゆらと動いて見えるかどうかを、「シーイングがよい／悪い」といいますが、特に冬になるとシーイングが悪く、星の瞬きも大きい。武田さん、大気では何が起きているのですか？

武田

　実は、日本は星がすごく瞬く地域なんです。暖かい空気と冷たい空気のかたまりがぶつかると、そこで光が屈折します。空には暖かい空気や冷たい空気が乱れて動き回っています。それが理由の1つです。特に、真夏以外の日本は、偏西風（**14 ページ参照**）の影響で、温度の違う空気が接しやすくなります。

　もう1つは、冷え込んだときに地表付近に冷気がたまることの影響があります。例えば盆地のような場所では起きやすいです。地表に冷気がたまると、その上空が地表に対してちょっと暖かい。そこで光が曲がるので、冷え込んだときも結構瞬きます。

　星の瞬きによって偏西風の存在や、「冷たい空気がたまっているな」ってことを感じますね。

図 2-13　揺れて曲がる太陽光

比較的暖かい海の上を冷たい風が吹くときに見られるだるま太陽。空気の温度の違うところで光が大きく曲がって太陽が変形するとともに、太陽の輪郭も揺らめいています。これは陽炎という現象で、星の瞬きに似ています。（武田）

だから、天体観測はハワイなどのような標高が高い場所の空気がなるべく少ないところ、あるいは偏西風のない低緯度地域で行うわけですね。

縣　恒星が瞬いている様子を肉眼で見ると、チカチカと明るさが変化しているように見えますが、望遠鏡で見ると今度は揺れちゃう。ピントも合わないから観測にならないんですね。なので、シーイングがよいところを探すわけです。

武田　恒星が瞬いている一方で、木星や土星などの惑星は、点光源ではなく面積があるので瞬かないですね。

● 星が瞬かないシーズンや場所

武田　日本でも、星があまり瞬かないシーズンがあり、それは梅雨明け後の夏の後半です（**図2-14**）。その時期だけは日本の上空で偏西風が吹かないんです。偏西風帯が北海道の北に行き、亜熱帯のような気候になるんです。普段はよく分からない惑星の模様もはっきり見ることができます。沖縄はその期間が長いので、沖縄まで惑星を見に行く人もいますね。

図2-14　木星（左）と土星（右）
8月の大気の状態がよいときに、16cm反射望遠鏡で観察しました。木星の大赤斑（左上の赤い部分）や土星のリングなどがきれいに見られました。惑星が部分的に揺らいでも、面積があり全体の明るさは変わらないので、恒星と違い、惑星はまず瞬きません。（武田）

武田　冬は空が澄んでいて、星を目で見る分にはきれいですが、望遠鏡で見ると揺れちゃっていますね。金星なんかは低空にあると、**大気差**で色分かれしています。瞬くときは、明るさだけではなくて、実は色も変わっています。

縣　惑星（**44 ページ参照**）の観測をする場合、モンスーン気候帯や季節風、ジェット気流が吹くところが一番よくありません。沖縄やハワイ島は適しています。先ほどおっしゃっていたように、偏西風帯じゃないので、貿易風（**17 ページ参照**）の影響はどうなんでしょうか？

武田　貿易風は地面に近いところに吹いていて、上空での温度差があまりないんじゃないでしょうか。ハワイでも高い山に行くと、貿易風の影響がなくなりますね。

街明かりと雲

惑星（44 ページ参照）、貿易風（17 ページ参照）

縣　天文の業界だと、ほぼ快晴でないと「晴れた」という認識を持てないんですけど、気象学では、どのぐらいからを晴れとしていますか？

武田　天気の区分（**表 2-2**）では、**雲量**が 1 割までを快晴、雲量が 2 割から 8 割までを晴れとしていますね。

縣　そんなに雲があると、天文屋としては星をきちんと見ることができず、仕事にならないですね。

解説

大気差
大気の密度が地上と上空で違うために、光が曲がり、低空の天体がやや浮かんで見えます。これを大気差といいます。曲がり方が色によって違うため、低空の明るい天体は上側が青っぽく、下側が赤っぽく色分かれします。（武田）

解説

雲量（全雲量）
空全体に雲があるときを 10、半分の場合は 5、1 割の場合を 1、雲が全くないときを 0 などと、空全体の雲の割合を 10 段階の整数で表します。実際の観測では、空がよく見える場所で人間の目で判断します。しかし、自動化した観測所が増え、雲量を測ることができず、快晴や晴れや曇りなどの天気が観測できなくなってきています。（武田）

星を観察するときは、快晴の雲がないところに行きますよね。天気予報では「快晴」という予報はまず出しません。先ほども説明した通り、快晴は雲量が0割から1割です。

高気圧の付近がすべて快晴ではないですが、高気圧のどこが快晴なのかは、天気図を描いているとだんだん分かってきます。「今ここが快晴だな」、「明日ここが快晴になるな」というふうに。そういう時期や場所を、今はインターネットで探せるようになりましたね。

用語	説明
快晴	全雲量が1以下の状態。
晴れ	全雲量が2以上8以下の状態。
薄曇り	全雲量が9以上であって、見かけ上、上層の雲が中・下層の雲より多く、降水現象がない状態。
曇り	全雲量が9以上であって、見かけ上、中・下層の雲が上層の雲より多く、降水現象がない状態。

表 2-2　主な天気の区分

気象庁は天気を表す用語を国内用として15種類設けています（快晴、晴れ、薄曇り、曇り、煙霧、砂塵嵐、地吹雪、霧、霧雨、雨、みぞれ、雪、あられ、雹、雷）。なお、国際的には96種類が決められています。

出典：気象庁「天気とその変化に関する用語」を基に作成

 解説

天気記号

記号	天気
○	快晴
①	晴れ
⑪	薄曇り
◎	曇り
∞	煙霧
⚡	砂塵嵐
✚	高い地吹雪
≡	霧
❢	霧雨
▽	しゅう雨または止み間のある雨
P	降水
●	雨
✷	みぞれ
✖	雪
∿	着氷性の雨
∿	着氷性の霧雨
△	凍雨
⌔	霧雪
▽	しゅう雪または止み間のある雪
△	あられ
▲	雹
=	もや
↔	細氷
℟	雷

現在は観測していない種類の記号も含まれています。

出典：気象庁「天気欄と記事欄の記号の説明」を基に作成（https://www.data.jma.go.jp/stats/data/mdrr/man/tenki_kigou.html）

「晴れ」だったとしても、風の影響を受けますし、雲があれば、もちろん観測に支障があるわけです。可視光線の観測以外にも影響がありますね。**電波観測**では雲（水蒸気）があるとよくないですね。

ところで、2023年12月のふたご座流星群を、武田さんはどこでご覧になりましたか？

栃木県の奥日光でした（図2-15）。薄い雲がかかっていました。関東に接近した低気圧の影響です。これはもう、何百kmと移動したとしても同じだったので仕方ありませんでした。

関東のなかでもどうして奥日光に行ったかというと、街明かりがないからです。雲は街明かりを反射して光るのですが、星がきれいに見えなくなります。でも、街明かりがないところへ行けば、薄雲があっても星が見えるので、あまり気にならないです。奥日光では天の川も見えて、現地ではみんな大歓声でしたね。

図2-15　ふたご座流星群

栃木県の奥日光では、星空がよく見え、流星がたくさん流れました。薄雲でも、街明かりがなければ天体観測ができます。また、流星は流れる場所が決まっていないので、できるだけ広く空が見える場所がよいでしょう。奥日光の戦場ヶ原には大勢の人が集まりました。（武田）

 解説

電波観測

熱を持っているものはすべて、その表面温度に対応した電磁波を出しています。星と星の間にはガスや塵が存在していて、これらは可視光で見えなくとも、赤外線か電波で観測できればそのなかでさまざまな現象が起きていることが分かります。地上から観測可能なのは、可視光線、近赤外線と電波です。（縣）

気象の方々はそういう技を知っていますね。東京都調布市に神代植物公園があります。森に囲まれている植物公園で、そこの芝生に寝転んで、星を見るというイベントを毎年やっているんです。200人ぐらい集まって**流星（流れ星）**を観察するんですね。8月のペルセウス座流星群とか12月のふたご座流星群とか。

2023年のふたご座流星群の観望会では、天気予報では晴れだったのですが、実際は雲が空の8割くらいを覆っていて、星が見えなかったんです。そこで、参加者全員で雲を観察することにしたんです。1時間半、ずっと雲を観察しました。参加者みんなが、「こんなに長い時間雲を見たのは初めて」っていっておもしろがっていました。

調布であれば街明かりがあった。だから夜でも雲が見えたわけですね（**図2-16**）。

 **解説**

流星（流れ星）
スペースにある塵粒が地球の大気に飛び込んできて光を放つ現象を、流星または流れ星といいます。地球で夜空に見られる流星は、約30μm〜数cm程度の大きさの惑星間物質が地球大気に高速で突入したときに、塵が蒸発し発光するとともに地球の高層大気中の原子・分子を光らせる現象です。ほとんどの流星が発光する高度は熱圏（120〜80km、**7ページ参照**）のあたりです。マイナス4等級（金星）より明るいものは特に火球と呼ばれていて、流星が隕石となって落下する場合もあります。（縣）

図2-16　街明かりの夜の雲
山の向こうが東京方面で、夜でも雲が明るくなっています。このような状況では、天体観測は厳しくなります。夜空の明るさを避けて天体観測をするためには、大都市から100km以上離れる必要があり、さらに近くに街灯のない場所を探す必要があります。（武田）

　この観望会で、私も雲というのはおもしろいなと感じました。このときは、だんだん天気が崩れていくタイミングでした。西日本では雨が降っていて、関東地方へ温暖前線（**16 ページ参照**）がやってきていました。

　夕方まではすじ状の雲はありましたが、晴れていたんですよ。でも、観察を始めると、西から雲がぽつぽつぽつと出てきて、うろこのような雲が増えてきて、そのうち、ひつじのような雲になっていきました。

　子どもたちも、普段は雲の観察はあまりやらないですよね。私が小学校で授業をしたときは、校庭にみんなで寝っ転がって、空を 10 分間観察しました。雲が動いている様子、形が変わっていく様子をじっくりと見るんです。雲の観察によって、「高い空の風は、地上の風とは違うな」といった発見をするんですよ。

きれいな青空や星空を見られる条件

　大気の透明度が高いと目で見た星空はきれいなのですが、風が吹いてると、星は揺らぎますよね。冬は揺らぎが多くて、星がいっぱい瞬きますよね。

　望遠鏡で見ると、空気は澄んでいるけど、揺らぎが大きい。逆に、夏の方はちょっと空が濁っているけれど、星の揺らぎが少ない。

　我々も天体観測のためには水蒸気が少ないところがよくて、高い山に行ったり、砂漠に行ったりしています。空の青さも砂漠のような地域がきれいなんでしょうか？

図 2-17 サハラ砂漠の皆既日食（2006 年 3 月）

空の澄んだサハラ砂漠で、月が太陽を完全に隠した皆既日食の空の光景です。上の方の白いのは太陽コロナです。地平線上を 360 度、夕焼けのような黄色やオレンジ色の空が広がりました。今まで 9 回皆既日食を見てきましたが、空の透明感はこのときが一番でした。（武田）

武田

　　　　砂漠も水蒸気が少ないという点ではそうですね。

　　　　ただ、砂漠の場合は、風が吹けば砂が舞ってしまいます。風も水蒸気も少なければ、本当にきれいな空を見ることができます。サハラ砂漠で見た皆既日食（**図 2-17**）の光景は見事でした。

縣

　　　　南極の空が青いという要因も、まず、寒くて、水蒸気が少なくて、人も住んでいないから塵も少ないということですね。

気象と天文、それぞれの注目すべき研究分野や、進路に関わることを聞きました。武田先生は気象分野の立場から、縣先生は天文分野の立場から答えます。

Q それぞれの学問の目標は何ですか？

A 武田
地球の大気環境を理解し、気象のしくみを解明して、天気予報を確かなものにすることです。

宇宙の謎を解くことです。宇宙＝森羅万象を知ることは、この世の中や社会、自分を知ることにつながります。  縣

Q 今、注目すべき研究や問題にはどういったものがありますか？

A 武田
気候変動や異常気象の解明と予測です。地球温暖化も大きな課題です。

今世紀の天文学の二大課題は、地球外生命の探査と、時間と空間の理解です。 縣

Q ここ数年で個人的に関心の高いテーマは何ですか？

A 武田
超高層大気で起きるオーロラ、スプライト、夜光雲、大気光などのさまざまな現象です。

ハビタブルゾーンでの地球型惑星探査と、**ハッブル定数**のばらつきの解明です。 縣

Q 研究者を目指すなら、どんな勉強（科目）に力を入れたらよいですか？

A 武田
気象学は**地球物理学**の1つなので、物理と数学を基本に、地学や化学などの知識もあるとよいでしょう。気象学は、文系の研究にも役立ちます。天候や気候が政治や経済に影響するからです。また、気候変動が文明の発展や、民族の大移動、戦争などに影響したとも考えられています。

体育や芸術も含め、すべての科目。何にでも興味を持てるポジティブさを身に付けてほしいです。**STEAM 教育**といって、理科＝科学（S）、技術（T）、数学（M）などの他、A ＝芸術や教養が研究上とても大事です。  縣

Q 「これが分かったら世紀の大発見！」という謎を1つ教えてください。

A 武田
雷雲から電気を受け取ることができるようにすることです。多くのエネルギーを得ることができます。

地球外知的生命＝地球人以外の宇宙人の発見と、コミュニケーションの開始です。  縣

解説

超高層大気：6 ページ参照。　**ハビタブルゾーン**：101 ページ参照。**ハッブル定数**：現在の宇宙の膨張率を表す値です（H_0）。**地球物理学**：125 ページ参照。　**STEAM 教育**：文部科学省が推進する学習です。STEM（Science、Technology、Engineering、Mathematics）に加え、芸術（Art）、文化、生活、経済、法律、政治、倫理などを含めた広い範囲で「A」を定義し、各教科などでの学習を実社会での問題発見・解決に活かしていくための教科横断的な学習。**雷雲（らいうん、かみなりぐも）**：雷雲＝積乱雲です。強い上昇気流による雲の中の雨粒同士の摩擦により静電気が発生・蓄積し、やがて雷を起こします。

Part2 のまとめ

・月の光

月の光は天体観測にとっては「明るすぎる」とされています。逆に気象分野の視点では、月明かりによって夜でも雲の様子が分かる便利なものとされています。虹や彩雲など、太陽光と同じ原理の現象を、太陽光ほどまぶしくない光で見ることができます。

・太陽は何色?

夕日や日本の国旗のイメージから、太陽は赤いと思っている人も多いかもしれません。しかし、本来は白色です。また、太陽は大気の状態で見え方が変わります。その影響からなのか、世界の国旗で描かれている太陽の色は異なっています。

・星の瞬き

星を★の形に描くことがありますが、星が瞬く（揺らぐ）ことで、実際の星もそのように見えます。しかし、天体の本来の形は球体です。星の瞬きは、大気の状態が関わっています（風、地上と上空の気温差など）。星が瞬かない条件を知っておけば、木星や土星の様子を観察しやすいタイミングを押さえられます。天文台（天体観測施設）は、揺らぎの影響を抑えられる標高のある場所や水蒸気が少ない地域に設置されます。

・街明かりや雲を避ける

街明かりや雲は、天体観測の大敵です。これを避けるためには、天気の区分で「快晴（全雲量が1以下の状態）」とされるタイミングや場所を探したり、街明かりの影響が少ない地域（大都市から100km以上離れた場所）に行ったりする必要があります。気象図を読み書きできるようになれば、自分で快晴のポイントを予想できるようになるかもしれません。

Part 3 珍しい空と天文の現象

空で見える珍しい現象は、宇宙と地球の両方が影響し合っていることが多いです。じっくりと観察してみれば、それを感じることができるでしょう。珍しい現象に出会うときに備えて、さまざまな現象の理屈や観察ポイントを押さえておきましょう。

★ UFO に見える現象

● 変わった形の雲

縣　最近は、アメリカ空軍などの軍事的な安全保障問題で UFO が話題になりました。空にはまだ未確認、または未同定の飛行物体や、自然現象が多数ありますね。日本でもいろいろ取り沙汰されます。

ただ、天文学をやっていると、地球以外の太陽系内には知的生命体がいないことは分かっていて、太陽系の外側からだとあまりにも遠すぎるので、**「宇宙から UFO に乗って宇宙人がくるわけないよ」**と思います。もちろん、読者のみなさんも UFO が宇宙人の乗り物だと思っている人は少ないでしょうけど……。

気象学的にいうと、こういったものはどういう現象の可能性が高いのでしょうか?

武田　例えば、レンズ雲（図 3-1）が UFO みたいに見えることもあるし、飛行機雲（図 3-2）がいろいろな形に変化して UFO みたいに見えることもあると思います。

解説

「宇宙から UFO に乗って宇宙人がくるわけないよ」

1977 年に打ち上げられたボイジャー 1 号・2 号が、最も遠くまで飛行している人工物です。現在、その距離は太陽 − 地球間の距離の 130 倍程度です。太陽系の大きさは、その距離の 1 万倍程度ありますので、太陽系を抜け出すまでには数千年かかることになります。一方、太陽系に一番近い恒星、プロキシマ・ケンタウリでも地球から 4.22 光年も先で、宇宙船で往復するのはほぼ不可能な距離です。光でも 4 年以上かかるのですから。このため、仮に太陽系のごく近傍に知的生命体が住む系外惑星が存在しているとしても、地

以前、流星を撮っていたら、変なものが映ったのですが、それがスプライトでした（8 ページ参照）。

　また、**スターリンク衛星（図 3-3）**みたいに、光が連なっている様子は、何も知らなかったらきっと驚きますよね。学生と天体観測会をしたときに、スターリンク衛星が見えて、みんなびっくりしていました。太陽の光を反射して、連続した光が連なって移動していました。あれを UFO だと思ってしまうこともあると思います。

球まで UFO に乗ってやってくることは非現実的なのです。（縣）

ボイジャー 1 号

©NASA/JPL-Caltech

図 3-1　富士山頂から見たレンズ雲

レンズ雲は横から見たらレンズ状に、下から見ると円形や楕円形に見えます。特に楕円形の場合は、UFO に思えてしまうこともあるでしょう。レンズ雲は、大きくなったり小さくなったりして、いつの間にか消えます。（武田）

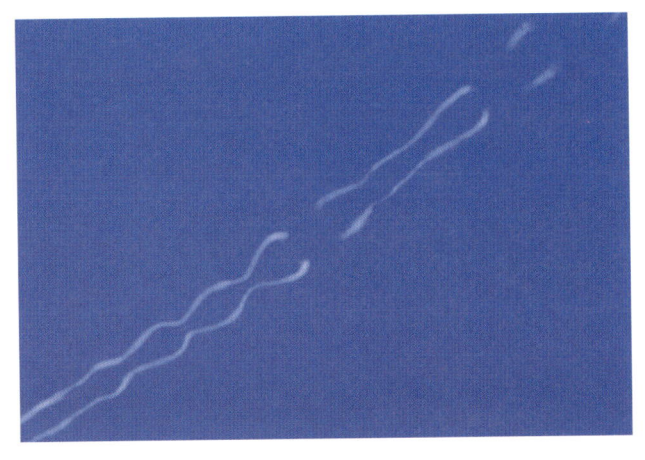

図3-2　飛行機雲の変化

飛行機雲が消えていくときに、不思議な形や模様になることがあります。それだけを空に見た場合、理解できずに UFO だと思うかもしれません。飛行機雲が消えていくときの形状は、飛行機の排気や大気の状態によって変わります。（武田）

図 3-3　スターリンク衛星
夜空を音もなく、たくさんの光が連なってゆっくり移動していました。明るいときは街中でも見られますが、初めて見るときは驚くでしょう。連なって見える状態は打ち上げ直後であり、この後に間隔が開いていきます。人工衛星は太陽光が反射して見えるので、真夜中にはふつう見られません。（武田）

● スペースの利用問題

縣

　　　　スターリンク衛星のみならず、宇宙空間には膨大な数の通信衛星が打ち上げられています。何百万個という数です。ものすごい数があるわけで、天体観測に大変な支障が出ています。

　スペース X 社の担当者にきてもらって、**スペースの利用**について議論したこともありました。現在でも、なるべく光を反射しないように塗装してもらうようお願いするとか、そういったやりとりをしています。

　スペースデブリもそうですが、スペースの利用については真面目に考えていかないといけませんね。

武田

　　　　そういうものがどんどん増えている一方、宇宙望遠鏡を作って観測する時代になっていますね。観測には困るけれど、人間の生活を豊かにするためには必要な面もありますね。難しいです。

解説

スターリンク

スターリンクは、アメリカのスペース X 社が運営する衛星インターネットアクセスサービスで、申し込めば日本でも利用することができます。

スペース（space）の利用

1957 年、世界初の人工衛星であるスプートニク 1 号の打ち上げ成功以降、地球の周囲の空間には多数の人工衛星やその付属品、破片、ロケットの残骸など数えきれない数のスペースデブリ（宇宙ゴミ）が残されています。ISS（国際宇宙ステーション）などの有人宇宙施設への衝突の危険性をはじめ、多くのリスクがあり、社会問題化しています。
人工衛星の増加によって、夜空を見るとかなりの頻度で人工衛星が天体の前を横切っていくのが分かります。人工衛星が増えると、天体観測に不利益が生じるのです。目で見える可視光での影響のみならず、通信用人工衛星の飛躍的増加に伴い、天体の電波観測などにも深刻な影響が生じ始めています。（縣）

★ グリーンフラッシュのしくみと見れる場所

縣

太陽の光が緑色に見える**グリーンフラッシュ**（図3-4）は、なかなか見ることができませんね。どういう場所や条件が見やすいのでしょう？

武田

グリーンフラッシュは、水平線に太陽が沈むときにまれに見えます。日本だと、昔は沖縄や日本海で沈むときに見えましたが、今はPM2.5が増えた影響でなかなか見られなくなってしまいました。

実は今は、富士山に沈む太陽でしばしば見ています（図3-5）。富士山に沈んでいるときの太陽は水平線よりも少し高くて明るいから、青や緑の光がまだ残っていることがあるんですね。

地球の大気は上に行くほど密度が低く、その影響で光が曲がります。色ごとに曲がる角度が違って、上の方から、紫、青、緑となっています。Part1で話したように、青や紫は、散らばって空の青になるので、緑が残りやすいです。

 **解説**

グリーンフラッシュ
大気による屈折によって太陽の光が分光し、上部が波長の短い色になります。青色などは空に散乱されているので、その次の緑色が見られる現象です。（武田）

図3-4 水平線で見えたグリーンフラッシュ
秋田県で、明るい夕日が日本海に沈むとき、最後に緑色に輝きました。1秒くらいのわずかな時間ですが、オレンジ色から緑色に変化する太陽に感動しました。（武田）

図3-5 富士山頂のグリーンフラッシュ
千葉県から富士山頂に沈む太陽を観測していたら、青色や紫色を含んだグリーンフラッシュが見られました。日本の夕日でグリーンフラッシュは難しいと思っていたのですが、意外にも、関東平野で何度も確認できています。（武田）

大気光

武田

大気光というものがあって、空気が光るんですよね（**図3-6**）。日によってちょっと違うけれど、空がぼんやりと明るい。星を見る人なら分かるんじゃないかな。夜、快晴なのに、空がちょっと明るいときがありますよね。

縣

星景写真なんかでよくありますね。人工衛星やスペースシャトルから撮った地球の大気の層を見ると、光っていますもんね（**図3-7**）。

解説

大気光

大気光とは、地球の上層大気の原子や分子が昼間に太陽光を受けてたくわえたエネルギーを、光化学反応によって夜間に光として放出する現象です。

図3-6　大気光
雲がないのに、空が薄く緑色に光っています。北海道の知床まで天体写真を撮りに行ったときは、大気光のため、思っていたような星空を撮ることができませんでした。大気光は赤茶色に光ることもあり、縞模様になっていることも多いです。予測が難しい現象です。（武田）

武田

バイカル湖のときもそうです。星をばっちり撮ろうと思っていたら、緑、赤茶色なんかに空全体が光っていました（図 3-8）。

図 3-7　国際宇宙ステーション（ISS）から見た地球の大気の層
©NASA

図 3-8　バイカル湖の大気光
凍ったバイカル湖の上に立って見上げた星空です。少しの雲が横たわっていて、その向こうに星空が広がっていました。向こう岸に街はないのに、大気光で空がぼんやりと緑色や赤茶色に光っていました。地球上とは思えない光景でした。（武田）

南極の空と気候

縣　　南極でも雲が出るときがあるとうかがいました。南極で見られる雲の種類は、日本の雲とは違うんですか？　そもそも雨は降るのですか？

武田　　雲の様子は違いますね。低い空にできる層積雲が多く、**積乱雲（図 3-9、23・28 ページ参照）** が全く発生しないです。

雨は、絶対ではないですが、まず降らないです。南極でも緯度の低い南極半島では雨が降りましたけど、昭和基地では何年かに 1 回というペースで降るだけで、私が滞在した 2009 年 1 月から 2010 年 1 月は降らなかったです。

南極の空は層積雲がほとんどです。雨が降らないので、水

図 3-9　積乱雲
地表で暖まった熱がどんどん上昇し、高さが 10km 前後にもなる大きな雲です。暖かい空気とたくさんの水蒸気がない南極のような場所では、このような積乱雲は発生しません。南極の気象観測の手引きには「積乱雲」の文字がありません。(武田)

図 3-10　南極の風景

南極では降り積もった雪が氷となり、ゆっくりと海に流れていきます。氷の上の雲は低く、霧のようにも見え、冷たい空気とともに下がってきます。氷はときどき音を立てて割れ、海に流れ出します。南極では雨が降ることはほとんどありません。（武田）

の流れる地形がほとんどないですね。氷が削った地形ばかりです（**図 3-10**）。

 **解説**

縣　北極や南極のような極域でも低気圧は通ったりするんですか？　日本に住んでいると、気団と気団の間に前線や低気圧ができて……というイメージがありますが。

武田　低気圧は近くの海上を通ります。南極大陸に近づいたときに、低気圧に吸い込む風が大陸から降りてきて**ブリザード**になります（**図3-11**）。風速 30m/ 秒、40m/ 秒のもうとんでもない風が吹くこともあります。昭和基地ではブリザードが年に 25 回ぐらいあり、激しいブリザードでは外出禁止になります。南極でなければなかなか経験できないことです。

ブリザード

もとはカナダやアメリカにおける強風の吹雪のことを指しますが、極地の猛吹雪にも用います。風速だけでなく、視程や継続時間も重要です（**表 3-1**）。（武田）

図 3-11　ブリザード

平均風速 47.4m/秒という、昭和基地の観測史上最大のブリザードが起きているときの写真です（2009 年）。最大瞬間風速は 54.3m/秒に達し、建物は揺れ、少し先の景色も見えなくなりました。昭和基地では、1 年間にブリザードを 20 ～ 30 回は経験します。（武田）

階級	視程	平均風速	継続時間
A 級	100m 未満	25m/秒以上	6 時間以上
B 級	1km 未満	15m/秒以上	12 時間以上
C 級	1km 未満	10m/秒以上	6 時間以上

表 3-1　南極・昭和基地のブリザードの階級

県

過酷ですね。逆に、風のない穏やかなときはどういった環境なのですか？

武田

例えば、星が出ない曇った日の夜にライトを消すと、もうなんにも見えないです。目をずっと開けていても見えない。あと、音もしません。風がないと音は立たない。そして匂いもない。自分が生きているのか分からなくなるような、怖い感覚でした。オーロラの音も感じませんでした。

図 3-12　南極の環境

南極の空は澄み、雪や氷がきれいです。夜は真っ暗で、何も音がしないときが多く、さらに夏の一時期以外は動植物がいないため、匂いもありません。この写真は、そのような場所に 1 年あまり滞在して観測に従事したときの写真です。立っている場所は安定した海氷の上です。（武田）

縣

　ブリザードもすごいですが、その何もない、感じないということもすごいですね。いや、怖いな。このような環境下では、どんな過ごし方になるのですか？

武田

　観測隊のみんなは、夜になってもライトを絶対消さないんです。私は暗い夜を楽しんだけど、多くの人にとってはやっぱり怖いと思います。

もう、日本に帰りたくなっても帰れない。「ここに 1 年間いなくちゃいけないのか」っていう気持ちになっちゃうかもしれません。南極での仕事でも当然、うまくいかないことに対応しなきゃいけないということもあります。

　南極では、限られた人数で、閉鎖した環境でした。そして、

これから人間は火星に向かおうとしていますよね。火星への移動は1年かかります。南極の基地でも、閉鎖した環境下での共同生活のなかで、人間が精神的に、体力的に、生理的に体がどうなるのかのデータを取りました。火星に行くのと同じ1年間です。

⭐ オーロラと宇宙天気予報

● オーロラの正体

縣

　オーロラ（**図3-13**）は北極圏などの高緯度で見ることができますが、**太陽活動の周期**のなかでも強い時期は、より広範囲でオーロラを見ることができますね。実際に2024年5月と10月、世界各地で低緯度オーロラが観測されて話題になりました。日本でも北海道や本州各地で見事に撮影されましたね（**図3-14**）。
　太陽の磁場で太陽風が常に出ているだけじゃなくて、フレアという爆発が起きて、強い太陽風が地球にやってくる。そのときにオーロラ嵐が見えます。

図3-13　カナダのオーロラ（2024年）
2024年に太陽活動が極大期に入り、大きなフレアが続き、オーロラ活動が活発でした。オーロラは高さ100km以上で輝き、その高さの大気の中に含まれる成分で最も多い酸素原子が、下方で緑色、上方で赤色の光を発します。オーロラは透明なので、重なった色も見られます。（武田）

 解説

オーロラ

高度100km以上の大気が、夜に緑色や赤色などに光る現象です。大きなフレアによって強い太陽風がやってくると、地球磁気圏にたくさんの電子や陽子が入りオーロラ活動が激しくなり、高緯度地域だけでなく、日本などの中緯度地域でも低緯度オーロラが見られるようになります。

太陽活動の周期

黒点数が多く、フレアが頻繁に起こる時期を活動極大期といいます。極大期は約11年ごとに巡ってきます。この周期よりもより長い、ゆっくりとした変動の周期もあります。

図 3-14　栃木県のオーロラ（2024 年 5 月 11 日）
太陽で大きなフレアが立て続けに起こり、世界の中緯度地域でオーロラが観測されました。栃木県日光市で夜を待っていたら、北の空が淡く赤くなったのを確認しました。暗いので、肉眼では白っぽく見えます。本州で確認されたのは 2003 年以来です。（武田）

　　　太陽風によって強い**磁気嵐**が起こるので、GPS が乱れたり、人工衛星が故障したり、送電線に影響したりする心配があります。それを観測、予報するのが**宇宙天気予報**ですね。
　宇宙天気予報って、オーロラが出やすいかどうかを調べるときにも使えますが、それは一部の用途で、多くは被害対策です。今は人工衛星がいっぱい増えたので被害が大きいです（**60 ページ参照**）。

● 宇宙天気予報

　　　気象屋さんは宇宙天気予報にも関わるのですか？　同じ「天気予報」という言葉ですが……。

　　　ほとんど関わっていません。宇宙天気は、対流圏における日々の天気予報とは違う世界で、太陽風がもっと高い空の熱圏（電離層）などに影響するため、新たな知識が必要になります。

解説

磁気嵐の被害

1989 年、カナダで大規模な停電が発生しました。太陽フレアに伴う磁気嵐が原因で、長距離送電系統による送電線が停止、大容量水力発電による送電もできなくなりました。
その結果、停電時間は 9 時間に及び、600 万人に影響しました。復旧には数カ月かかりました。

宇宙天気予報

国立研究開発法人情報通信研究機構（NICT）が提供するサービスです。太陽は有害な X 線や紫外線、高温の電離気体などを放出していますが、地球は電離圏と大気の層という 2 つの防護壁で守られています。
しかし、太陽活動の強さなどによっては、防護壁をすり抜け、太陽活動の影響が地球のそばまで到達することがあります。
そのような現象の把握と予測を行うのが宇宙天気予報です。予報は、宇宙飛行士の船外活動計画をはじめ、衛星の軌道変更、航空機の航路変更といったことに役立てられます。

縣 天文でも太陽の観測をしている人がいますが、宇宙天気予報はやっていませんから、まさに気象と天文の間のような位置付けになりますね。

武田 そうですね。宇宙天気予報について理解している人、伝えられる人が少ない状況ですね。それで今、国は宇宙気象予報士制度を作ろうとしているのですが、なかなか人の確保が難しいと思います。情報通信研究機構（NICT）からのメール通知サービスを利用していますが、あの内容を理解できる人ってあんまりいないんじゃないかな。

　気象の関係者にとっても、太陽の様子は日々の天気とは関係ないわけです。そもそも気象予報士はその分野を勉強していないんです。ちなみに気象の扱う範囲は対流圏です。実は、成層圏より上にも雲があるのですが（**図 3-15**）。

縣 太陽活動は、日々の気象というよりも、もっと長い周期の気候変動に関わりますもんね。一方で、宇宙、スペースに人間が出ていく時代になりましたので、宇宙天気予報の活用は進んでいきそうですね。

図 3-15　成層圏の雲

高度 20km くらいにあるため、日没後もしばらく不気味に輝きます。南極では、太陽の出ない極夜に成層圏もマイナス 78℃以下に冷えるので、成層圏に雲ができてしまいます。この雲がフロンガスと反応し、オゾンホールにつながります。（武田）

人間が宇宙に行くときは宇宙天気予報をしっかり見ておかないと、放射線などが危ないですね。2000年頃のしし座**流星雨**のときには、人工衛星に衝突しないよう対策が取られていましたよね。子どもたちにとっては「こういう仕事もあるんだ」という感じで興味があるかもしれませんね。

武田

★ 流星と流星痕

高層大気で起こる現象としては流星（**図3-16**）もありますね。流星の観測から、何か地球の高層大気について分かることはありますか?

縣

流星が残した流星痕（**図3-17**）というものがあって、数分間光が残るんですよ。

30年ほど前ですが、それを観測したら、上空80kmぐらいの高さの空気の流れが分かったんです。その高度には気球も上がらないし、ロケットぐらいでしか観測できない。ですが、しし座流星群を観測しているときに、流星が残した光を撮影したら、ゆっくり動いていきました。

武田

図3-16　流星
2001年のしし座流星群の明るい流星。空気の発光の緑色や、流星の物質の色などがあり、最後は爆発するように輝きました。流星のもとは30μm〜数cm程度の小さな物質ですが、秒速数十kmという高速で地球の空気に衝突して蒸発するときに発光します。（武田）

図 3-17　流星痕
明るい流星が流れた後に、空に光が残り、数分間かけてゆっくり形を変えていきました。特に 2001 年のしし座流星群ではたくさんの流星痕が見られて、同時観測によって流星痕の高さや大きさ、超高層大気の流れが観測できました。（武田）

縣

明るい流星は火球とも呼ばれますが、晴れれば毎晩のように都会の空でも見られますから、読者のみなさんも流星観測に挑戦してほしいですね。

★ 日食や月食の楽しみ方

● 日食・月食のしくみ

縣

　日食（図 3-18）は、太陽と月（新月）と地球が一直線になる現象です。月の影というのは、地球上の狭い範囲にしか当たりません。一方で月食（図 3-19）の場合は、地球の影が全部月に映る。月よりも地球が大きいので、地球上から月が見えている場所ならどこからでも月食が見えるわけです。

　日食は、太陽と、新月の月と、自分と、地球、それらが一直線になっている。自分も含めて一直線になっているというのがおもしろいと思いますよね。日食の楽しみ方というと欠けていく様子を見ることもその 1 つ。皆既日食の場合は特に暗くなりますね。厳密な明るさは毎回違うのですが、大体、満月が照らす夜くらいの明るさになるので、昼間でも星が見えてきます。それに、太陽のコロナを観測できます。コロナは毎回、形状も違います。

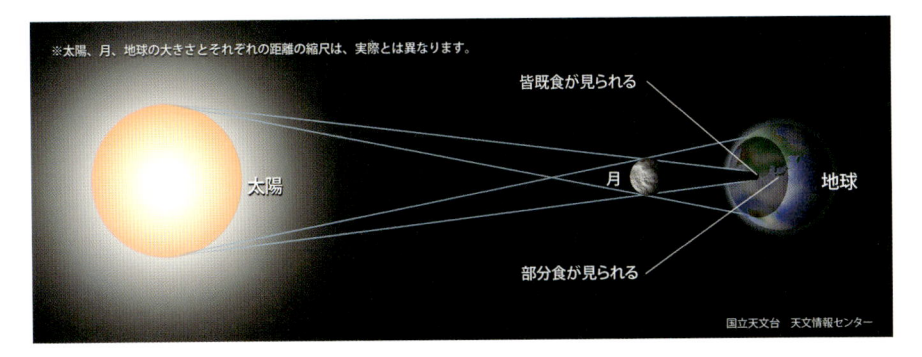

※太陽、月、地球の大きさとそれぞれの距離の縮尺は、実際とは異なります。

皆既食が見られる
太陽　月　地球
部分食が見られる

国立天文台　天文情報センター

図 3-18　日食が起こるしくみ

日食とは、月の影が地球に届く現象です。この影の中から見ると、月によって太陽が隠されます。太陽が全部隠される皆既食は、非常に狭い範囲でしか起こりません。太陽の一部が隠される部分食は、広い範囲で起こります。

出典：国立天文台 天文情報センター

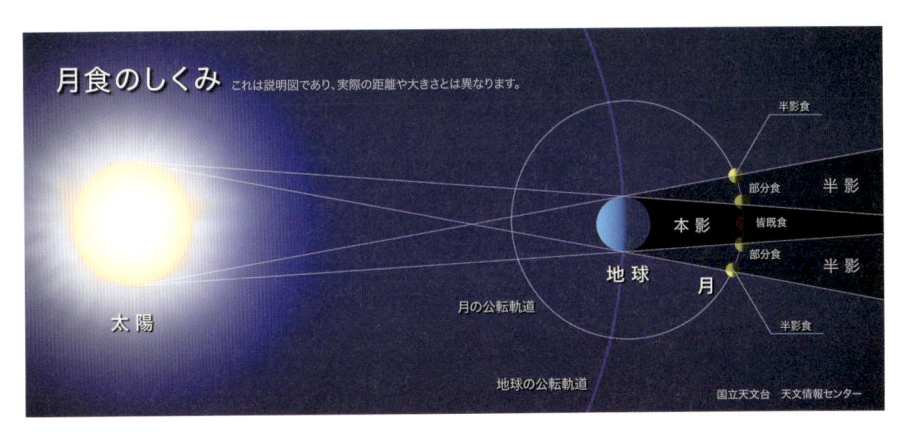

月食のしくみ　これは説明図であり、実際の距離や大きさとは異なります。

半影食
部分食　半影
本影　皆既食
地球　月
部分食　半影
半影食
太陽
月の公転軌道
地球の公転軌道

国立天文台　天文情報センター

図 3-19　月食が起こるしくみ

月食は、太陽−地球−月が一直線に並ぶとき、つまり、満月の頃だけに起こります。ただし、星空のなかでの太陽の通り道（黄道）に対して月の通り道（白道）が傾いているため、普段の満月は、地球の影の北側や南側にそれたところを通ります。そのため、満月のたびに月食が起こるわけではありません。

出典：国立天文台 天文情報センター

● 皆既日食の美しさ

武田

　皆既日食（**図 3-20**）になったときには、（影にならなかった）周りは太陽の光が当たっているから、360 度すべて夕焼けになっています。周りが明るくて、自分がいるところだけが暗いのがおもしろいです。

図 3-20　皆既日食（2017 年、アメリカ）

太陽を新月が完全に隠したとき、太陽の周りのコロナがまるでオーロラのように空に広がりました。太陽の活動によってそのときのコロナの形は異なります。2035 年には、日本で皆既日食が見られます。（武田）

縣

　2024 年 1 月は小型探査機「SLIM」が話題になりましたね。SLIM から送られてきた画像にあった通り、月の表面は凸凹しています。月と太陽が重なって太陽を月が隠すときに、月の表面で凹んだところから太陽の光がもれてきて、それがダイヤモンドリング（図 3-21）になります。とてもきれいですね。

武田

　月の凸凹の部分がいくつかあると、点、点、点、点と光って見えます。これをベイリービーズ（図 3-22）といいます。

SLIM

SLIM（Smart Lander for Investigating Moon）は JAXA 宇宙科学研究所のプロジェクトで、「月の狙った場所へのピンポイント着陸」、「着陸に必要な装置の軽量化」、「月の起源を探る」といった目的を、月面にて小型探査機で実証する探査計画です。

2023 年 9 月 7 日に種子島宇宙センターから H-IIA ロケット 47 号機で打ち上げられ、2024 年 1 月 20 日に月面に着陸、地球との通信を確立させました。

図 3-21　ダイヤモンドリング（2017 年、アメリカ）

皆既日食になる直前と直後に、太陽の一部だけが点状にダイヤモンドのように輝き、その周りのコロナが指輪のように見える現象です。ダイヤモンドリングを見るために皆既日食を見に行く人も多いです。太陽光が消えるので、昔は恐れられていたことでしょう。（武田）

図 3-22　ベイリービーズ（2024 年、メキシコ）

ダイヤモンドリングが終わるとき、月の凹凸のすき間から複数の太陽光が見られました。その横にはピンク色の太陽の彩層とプロミネンスが輝き、とても美しい光景になりました。（武田）

● 皆既日食による気象現象

武田

　　日食のときは気温が下がるんですよ。太陽の光が弱くなるから。だからよく雲が出てきます（図 3-23）。雲がどんどん増えてきて日食を観察できなくなった、なんてこともあります。よっぽど乾燥したところに行かないと、雲が怖いですね。「日食雲」って呼んでいます。

　このように、気象的にもおもしろいことが起こるわけですが、日食は数分間というわずかな時間なので、いろいろと観察しようとすると大変です。

図 3-23　日食と雲（2024 年、メキシコ）

日食時は気温が少し下がり、雲ができやすくなります。雲に隠れると、日食を見られなくなるのでヒヤヒヤします。皆既中は、頭上は暗い一方、地平線の方はやや明るく、雲が夕方のような感じでオレンジ色になりました。（武田）

• 月食では月の色に注目

縣

　月食を見て、古代の人たちは地球が丸いと気が付いたんです。月食のときいつでも丸い影になるということは、地球が球体になっていないといけない。月は地球の4分の1サイズですから、影が移動するのに時間がかかりますよね。皆既日食は最大でも6分から8分ですが、皆既月食は2時間ほどかけて起こります。

　よくいわれていますが、皆既月食になったときの月の明るさや色が違っていて、これがおもしろいですね。

武田

　皆既月食のときは、赤い色になりますね（図3-24）。「影になっているのにどうして見えるの？」って思ったりもしますよね（笑）。地球の大気中の赤い色が月に届いているということなのですが、その理屈をいろいろと考えてみました。モンゴルや南極では、沈む太陽の赤い光が地平線上に数分間薄く残っているのを見たんですね。それが月面に届いている可能性があります。

 **解説**

ダンジョンスケール

皆既月食のときの月は、いつも同じように赤黒く見えるわけではありません。地球の大気中の塵が少ないときには、大気を通り抜けられる光の量が多くなるため、オレンジ色のような明るい色の月が見られます。一方で、大気中に塵が多いと、大気を通り抜けられる光の量が少なくなるため、影は暗くなり、灰色に見えたり、あるいは本当に真っ暗で月が見えなくなったりします。

このように、皆既月食のときの月の色が異なることは、フランスの天文学者ダンジョンが20世紀初頭にすでに気が付いていました。彼は独自に「ダンジョンの尺

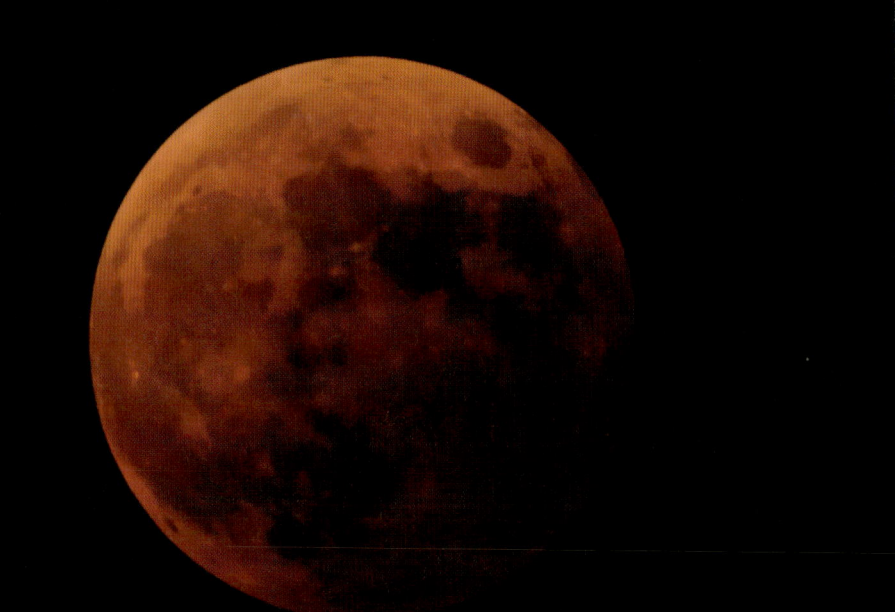

• 富士山で見た太陽の色

武田

つまり、地球の大気の中で大きく屈折した太陽の赤い光が弱く届いていることが分かってきた。さらにいうと、欠け際がちょっと青く見えます。ターコイズフリンジといいますね。それは地球のオゾン層が、太陽光の赤っぽい光を吸収して、青い光を通すから起きるといわれています（図3-25）。

富士山頂から撮った日の出の写真を見ると、グリーンフラッシュやブルーフラッシュみたいな光が出る場合があって、もしかしたらこれも欠け際に月に届いてるかもしれません（図3-26）。赤だけではなく、青、緑、ピンクなど、さまざまな色が実は見えるんですよね。このあたりが月食のおもしろいところかなと思っています。

図3-25　月食の欠け際の色

月食時の本影の欠け際を天体望遠鏡で見ると、ターコイズフリンジの青色以外にもさまざまな色が見られます。緑色や紫色やオレンジ色など、月食ごとにやや色合いが異なります。これらの色の違いの原因はいろいろとあるようです。（武田）

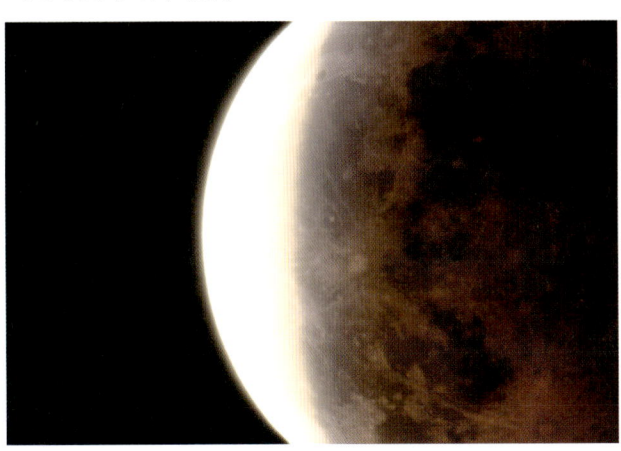

図3-24　皆既月食の月の色 （76ページ）

皆既月食では地球の影に満月が入りますが、地球には大気があるので、その中を曲がった、弱く赤い太陽光が月面に届き、赤銅色の暗い月に見えます。ただし、火山噴火で地球大気が濁ったときは赤色がほとんどなくなっていました。（武田）

度（スケール）」という色の目安を用いて、月食の色を調べました。ダンジョンの提案した尺度は肉眼でも測定が可能で、また皆既月食の色を表すのにも都合がよいため、現在でもよく紹介されています。この尺度と色の見本を以下にまとめます。

尺度	月面の様子
0	非常に暗い食。月のとりわけ中心部は、ほぼ見えない。

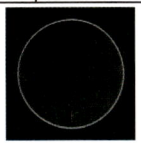

尺度	月面の様子
1	灰色か褐色がかった暗い食。月の細部を判別するのは難しい。

尺度	月面の様子
2	赤もしくは赤茶けた暗い食。たいていの場合、影の中心に1つの非常に暗い斑点を伴う。外縁部は非常に明るい。

図 3-26　太陽のさまざまな色

富士山頂から日の出を見ていたら、太陽の上部に青色など、さまざまな色が見られました。太陽の光が屈折してできた光で、皆既月食時の地球の本影の縁にはこれらの光も届き、青色や緑色などが見られるのではないかと思いました。(武田)

● 月食への大気の汚れの影響

一方で、皆既日食中の月が赤く見えなかったときもありました。フィリピンの**ピナツボ火山が噴火**したときと重なり、地球の空気が汚れていたようです。空気が汚いと赤い光は届かなくなるということも、気象学的にはすごくおもしろいことです。

武田

火山の噴煙というと、ずいぶん高いところまで届きますよね。高層大気にも影響が出るのでしょうね。

縣

そうですね。成層圏まで火山の微粒子が入ると、対流圏のように雲ができたり雨が降らないので、地球全体に広がってなかなか落ちてきません。

武田

| 3 | 赤いレンガ色の食。影は、多くの場合、非常に明るいグレーもしくは黄色の部位によって縁取りされている。 |

| 4 | 赤銅色かオレンジ色の非常に明るい食。外縁部は青みがかって大変明るい。 |

出典：Danjon, M.A. 1920, Comptes Rendus Acad. Paris 171, 1127 より翻訳

ピナツボ火山の噴火

1991 年のフィリピンのピナツボ火山の噴火による噴煙は、山頂から 20km まで達しました。成層圏に達した火山灰は、地球を周回して日射を妨げました。

火山の噴煙

火山の噴煙は成層圏にまで達することがあります。成層圏に達すると、噴煙は水平に広がっていきます。2024年 4 月 17 日にインドネシアのルアン火山で発生した大規模な噴火では、噴煙の高さは約 19km まで達したと推定されました。

Part3 のまとめ

・宇宙空間の利用問題

宇宙空間（space）には、膨大な数の人工衛星が打ち上げられています。また、ロケットの残骸といったスペースデブリ（宇宙ゴミ）も無数にあり、国際宇宙ステーションといった施設への衝突をはじめとしたリスクが社会問題となっています。人工衛星の増加は、天体の観測にも深刻な影響を及ぼしています。

・グリーンフラッシュ

グリーンフラッシュは、水平線や地平線に太陽が沈むときや昇るときに見えます。大気による屈折によって太陽の光が分光し、上部が波長の短い色になります。青色などは空に散乱してしまうので、その次の緑色が見られる現象です。可視光線の分布（色の順番）は 117 ページの図 4-19 を見てください。

・南極の環境

南極は、日本の気候とは大きく異なっています。ブリザードという強い地吹雪が年に 20 〜 30 回発生する過酷な環境です。南極観測越冬隊は1年ほどの間、限られた人数で、閉鎖的環境で生活します。このときの人間が精神的、体力的、生理的にどのように変化していくのかのデータを取ります。

・オーロラと宇宙天気予報

オーロラは高度 100km 以上の大気が、夜に緑色や赤色などに光る現象です。太陽活動が関わっています。太陽フレアに伴う磁気嵐の被害は、送電線や人工衛星、航空機などへ影響を及ぼします。太陽活動を調べ、予測を出す宇宙天気予報は、磁気嵐の被害を軽減・回避するために役立てられています。

・日食と月食

日食は太陽ー月ー地球（人）が一直線に、月食は太陽ー地球ー月が一直線になる現象です。いろいろな楽しみ方がありますが、本書では皆既日食時の気象現象と、月食時の月の色の見え方に着目しました。

空と宇宙の見た目が似た現象

　空に見える現象と宇宙の現象を見比べると、見た目が似ているものが見つかります。ここではそのような現象を集め、比べてみました。現象の発生の理屈の違いや共通点を探ってみてください。

雲と星雲

彩雲も星雲も色の付いた「雲」です。

図1　彩雲

撮影：武田 康男

図2　星雲

© 国立天文台

図1　太陽の近くに薄い雲が近づくと見られます。雲が青・緑・ピンク・オレンジ・黄色など、さまざまな色になります。氷の粒の雲にはできず、水の粒の雲の場合に回折・干渉によってできる色で、雲自体にそれらの色が付いているわけではありません。

武田

図2　天の川銀河のような銀河内には、ガスや塵が集まっている場所があり、星雲と呼ばれています。星雲には、背景の星の光を隠す暗黒星雲や、星の光を受けて発光する散光星雲の他、さまざまな種類がありますが、見かけの形状が地球大気の雲と似ているものもあります。この画像はオリオン大星雲（M42）をすばる望遠鏡で撮影したものです。

縣

飛行機雲と彗星

飛行機雲は、彗星によく間違えられます。

図 3　夕焼け空に光る飛行機雲

撮影：武田 康男

図4　紫金山・アトラス彗星

撮影：武田 康男

武田

図3　高度10km付近の高い空を飛行機が巡航しているとき、気温がマイナス50℃程度に下がっていると、飛行機の排気から氷の粒の飛行機雲ができます。太陽が沈んだ後、地球が丸いために、高い空にある飛行機雲が夕焼けに染まりました。

図4　2024年10月の夕刻の空に肉眼で見られた紫金山・アトラス彗星です。彗星は太陽に近づくと、その光と熱によって彗星の本体からガスや塵が出て、長い尾を伸ばします。昔の人は不吉な感じがして驚いたようです。

レンズ雲（笠雲）とレンズ状銀河

雲と星雲には、レンズの形をしたものがあります。

図5　レンズ雲　　　　　　　　　　　　　　撮影：武田 康男

図6　富士山の笠雲　　　　　　　　　　　　撮影：武田 康男

図7　ソンブレロ銀河

©NASA and The Hubble Heritage Team（STScI/AURA）

武田

図5　湿った風が山などに当たり、風が上下に波を打つように流れたとき、上昇した場所にできる雲です。この写真では左から右へ風が吹いていましたが、雲の位置は変わりませんでした。時間が少し経つと雲の形が変わっていき、なくなってしまうこともあります。

図6　富士山に湿った風がぶつかり、山頂付近で上昇したところにできる雲で、レンズ雲の一種です。ちょうど太陽が富士山の向こうに沈んだので、夕焼け雲となって輝きました。雲をつくる水滴が向こう側ででき、こちら側で消えています。

縣

図7　銀河は、渦を巻く形状の渦巻銀河と腕を持たない楕円銀河に大別されます。このソンブレロ銀河（M104）はその中間に位置するレンズ状銀河として分類されてきたのですが、すばる望遠鏡やハッブル宇宙望遠鏡で撮影すると、渦を巻いた銀河を真横から見ている姿だったと分かりました。

台風と銀河

台風と銀河は、渦を巻く形が似ています。

図8　台風

©NOAA / Satellite and Information Service

武田

図8　過去に日本列島に接近した大きな台風です。地表付近の風を反時計回りに吸い込み、積乱雲などが並んだ腕のような構造が見られます。中心付近は雲ができにくく、「目」となります。上空では風を吹き出し、放射状に巻雲（すじ雲）が見られます。

縣

図9　銀河にはきれいな渦構造のものもあります。この銀河はおおぐま座にある銀河で、回転花火銀河や風車銀河とも呼ばれ、星やガスの集まった渦巻がきれいです。こうした銀河の中心には巨大なブラックホールがあると考えられています。

図10　肉眼でも見られる明るい銀河で、図は渦巻銀河を斜めから見ている姿です。台風も平たい形で、銀河と似た感じがします。アンドロメダ銀河は、約40億年後には、我々のいる天の川銀河（銀河系）と衝突すると考えられています。

図9　渦巻銀河（M101）

©NASA

図10　アンドロメダ銀河（M31）

©国立天文台

竜巻と宇宙ジェット

雲からできる竜巻と宇宙ジェットは形が似ています。

図 11　竜巻

撮影：武田 康男

図 12　渦の雲

撮影：武田 康男

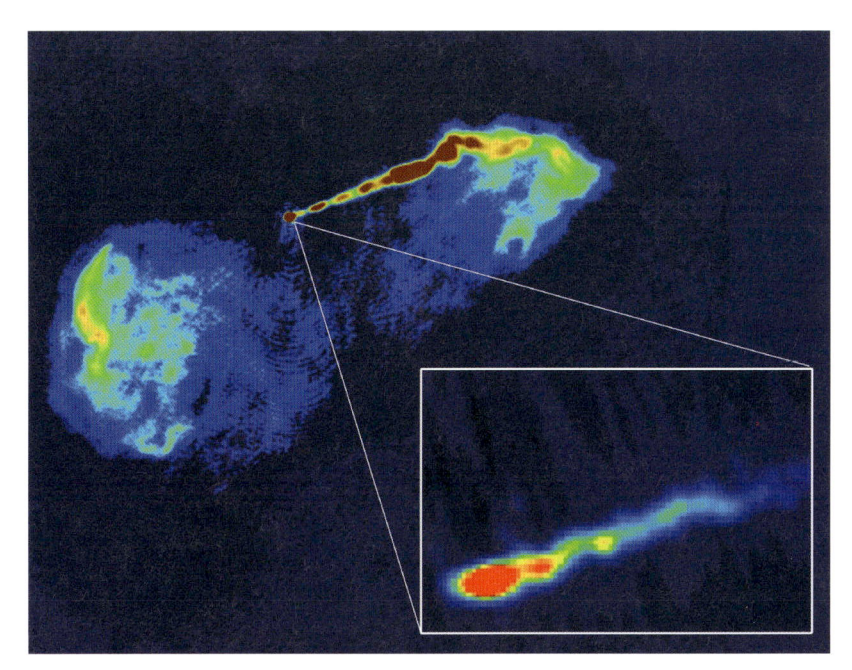

図13　電波干渉計で見た巨大楕円銀河 M87 のジェット

©M. Reid, CfA

武田

図11　大きな雲からするすると漏斗状の雲が下りてきて、海面に達すると水しぶきが上がりました。揺れながら伸びてくる様子はまさに竜のよう。大気の中では渦ができやすく、それが細くなると回転が速くなりますが、長くは続きません。

図12　強風が山を越えるときに激しい渦ができ、回転した雲を作りながら空を流れていきました。まだよく分かっていない現象です。

縣

図13　星や銀河中心に周囲から集まったガスが行き場を失い、極方向に向かって一方向または双方向に噴出するガスを「ジェット」と呼びます。銀河の中心には超巨大質量のブラックホールが見つかっています。

大気の風と太陽風

地球大気の風のように、太陽から宇宙空間に広がる風（太陽風）があります。

図 14　大気の風

撮影：武田 康男

図 15　放射状雲

撮影：武田 康男

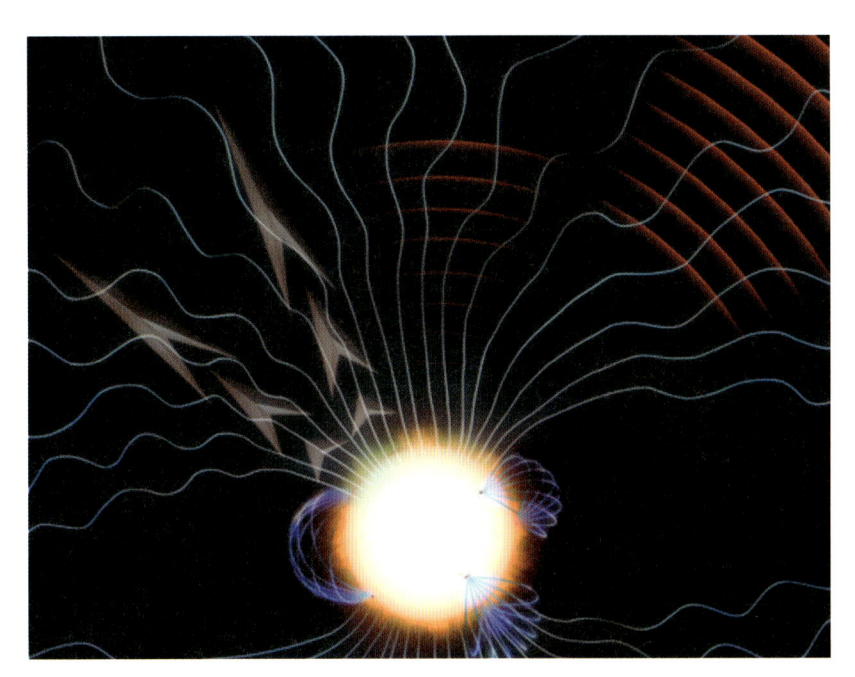

図16 太陽風

©JAXA

武田

図14 冬に富士山に吹き付ける季節風で、積もった雪や氷が飛ばされています。地球の大気では気圧や温度の差によって偏西風、季節風、海陸風などのさまざまな風が吹きます。それによって温度差は小さくなります。

図15 偏西風が強いときに高い雲（うろこ雲）が帯状に流れ、遠近効果で放射状に見えることがあります。見る向きでさまざまな流れの形に変わります。

縣

図16 太陽は強い光（電磁波）だけでなく、電子や陽子（プラズマ）も太陽風として放出しています。光は約8分で地球にやってきますが、太陽風は2〜3日程度で地球に届きます。地球の磁気圏がそれを防ぎますが、一部はオーロラを光らせます（**68ページ参照**）。

地球と宇宙空間

海や空や地面には波模様があり、宇宙空間にも波が広がっています。

図 17　海の波模様

図 18　波状雲

図 19　風紋

撮影：いずれも武田 康男

図20　重力波

©R. Hurt - Caltech/JPL

武田

図17　強い風が海上を吹くと海面にさざ波ができ、太陽光によってキラキラと輝きます。風は一様でも、海水の動きとの関係でこのような波長の波となります。大きな海ではこれが風浪となり、うねりとなっていきます。大洋では遠くまでうねりが届きます。

図18　上空を湿った強い風が吹き、風に波ができると、それに合わせて波状雲ができることがあります。雲は風の流れに沿って伸びますが、縞模様は風と直角方向にできることが多いです。空の雲は、風の流れをこのように可視化してくれます。

図19　鳥取砂丘の砂にできた風紋です。乾いた砂丘にやや強い風が当たると、砂に風の模様ができます。風が吹いているときは砂粒が移動して模様が変わっていきますが、風が止むとこうして風紋が残ります。地吹雪の後に雪面にできるものもあります。

縣

図20　宇宙は、縦×横×高さという空間に、時間軸も加えて4次元で記述されます。これを時空とも呼びます。このイラストはブラックホール同士が合体して、重力波が時空に伝搬する様子をイメージしています。

地球の夕焼けと火星の夕焼け

地球の夕焼けと火星の夕焼けは色が違うようです。

図 21　地球の夕焼け

撮影：武田 康男

図 22　火星の夕焼け

©NASA/JPL-Caltech/MSSS/Texas A&M Univ.

武田

図 21　穏やかな東京湾に沈む太陽はだんだん赤っぽくなり、その光を受けた空や地表も赤っぽくなります。夕日がこのようになるのは、太陽の光が大気を斜めに長く通過するとき、大気によって波長の短い青っぽい光が散乱され、残った波長の長い赤っぽい光が多くなるからです。

縣

図 22　火星は地球の外側を公転している、直径が地球の半分ぐらいの惑星です。地軸が傾いているため、地球のように四季の変化があります。大気は地球の 170 分の 1 ぐらいと薄いものの存在しているので、さまざまな気象現象も発生しています。よく知られているのは砂嵐で、その規模は火星全面を砂が覆うほどすさまじいものです。細かな砂に覆われた火星大気では、季節やその環境によって、いろいろな空の色が体験できます。写真のように夕焼けが青いことも。これは、大気の薄い火星では空気中の分子による散乱よりも、大気中の微粒子（ダスト）による散乱の影響が大きく、太陽からの赤い光（長波長の光）の方が散乱しやすいためです。夕方になると赤色は散乱していて目に届かないので、太陽方向は青色のみが強まることになります。

地球と地球に似た星

表面に水のある地球のような惑星は、太陽系以外にもあると考えられています。

図23　アポロ8号が月から届けた地球の画像

©NASA

図 24　太陽系外惑星（Kepler-452b）の想像図

©NASA

武田
図 23　宇宙から見た地球は、黒い宇宙空間の中に、青い海と大気や白い雲が美しい姿をしています。太陽からちょうどよい光を受け、生命に満ちあふれ、人間のすむ地球は、奇跡の惑星といわれていますが、広い宇宙の中で唯一の惑星という肩書きは、いつの日か過去のものになるかもしれません。

縣
図 24　今日では太陽系外でも続々と惑星が見つかっており、それらは太陽系外惑星または系外惑星と呼ばれています。なかには地球とよく似た環境の岩石惑星でかつ、大気を持つ惑星も見つかり始めています。ただ、生命が宿っているかどうかはまだ分かっていません。

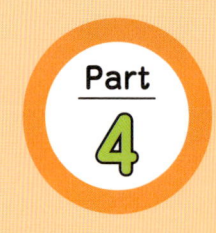

Part 4 宇宙の見方

ここでは、月、太陽、火星といった身近な天体や、天文学や観測技術の基礎知識を取り上げます。天文学にとどまらず、科学の発展に貢献した人物も紹介します。少し難しい話も出てきますが、空と宇宙の見方がぐっと深まることでしょう。

太陽の観察で分かること

縣

天文学では光球（太陽表面）に出現する**黒点**（図4-1）をスケッチして、太陽活動の動静を調べます。それでどういったことが分かるのかや、地球への影響はどのようなものがあるのかを、Part 3で紹介しました。気象学では、太陽の何を調べていますか？

 **解説**

黒点

黒点とは、太陽表面にあって太陽磁場の影響で、温度が周囲よりも低いために暗く見える構造のことです。中心部で特に暗い暗部と、その周囲の半暗部と呼ばれる比較的明るく、すじ状の構造を示す領域とに分かれています。東西方向に並ぶ「群」を形成する場合が多いです。（縣）

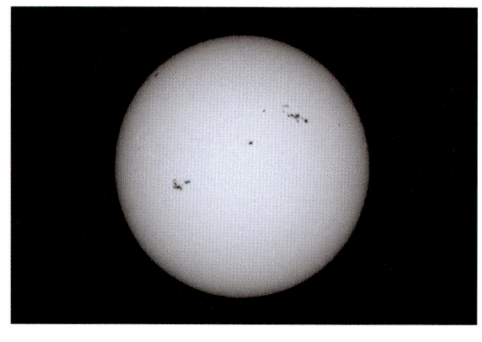

図4-1 太陽の黒点　　　　　　　　写真：武田 康男

太陽の表面には黒点が見られ、約11年周期で増減しています。大きな黒点の付近ではフレアという爆発現象を起こしやすく、地球で磁気嵐が起こり、オーロラ活動が活発になります。この写真では、2つの活動的な黒点群があることが分かります。（武田）

武田

気象では、地球に届く光の強さと日照時間を調べます。それによって1日のエネルギーの総量が決まるわけです。それが季節を作ります。また、陸と海では暖まり方が違うので、温度差が生じます。それが季節風などの気象現象をつくるわけです。

太陽と地球の距離が決まっているので、大気の外側に当たる日射量は**太陽定数**として決まっています。そして、大気の中に入ると日射量は減るわけです。雲がなければ1割から2割くらい、雲があると3分の1くらいになるという感じです。

太陽の光が直接空気を暖めていると思われがちですが、太陽の光は空気をほとんど素通りします。地面が暖まった熱で空気が暖まる。だから上空よりも地上の気温が高いわけですね。

太陽からのエネルギー量が変われば、地球の気温が変化するはずですが、100年間あまりの気象データからは太陽活動の変動は読み取れません。

火星の気象

縣

火星（**表4-1、図4-2**）も地球と同じように太陽を公転しながら自転していて、地球よりも薄いですが大気に覆われているので、気象現象が起きていますよね。

武田

砂嵐が起きたりしていますね。以前、地球に接近したときも、砂嵐で表面がよく見えなかったんですよね。

縣

火星は2年2カ月ごとに地球に接近します。火星の軌道は楕円なので、地球に大接近するときとあまり近づかない小接近もありますね。通常の接近の際は火星表面の模様がよく見えるのに、2018年に接近したときは、表面の模様がよく見えませんでした。

	地球	火星
太陽からの距離	1 億 4,960 万 km	2 億 2,790 万 km
赤道半径	6,378.1km	3,396.2km
自転軸の傾き	23°.44	25°.19
質量（地球を 1 としたとき）	1	0.1074
自転周期	23 時間 56 分	24 時間 37 分
公転周期	365.25636 日	686.980 日
衛星の数	1（月）	2（フォボス、ダイモス）

表 4-1　火星の基礎データ（地球との比較）

火星は地球と同じく岩石でできた惑星です。直径は地球の半分ほどで、二酸化炭素を主成分とするごく薄い大気に覆われています（火星の大気圧は地球の 1,000 分の 6）。火星は全体的に赤っぽく見えますが、これは、表面の岩石や砂が酸化鉄（赤さび）を多く含んでいるためです。また、岩石の成分の違いや地形の影響により、ところどころに黒っぽい模様があります。火星表面でときおり発生するダストストーム（砂嵐）などによって、模様は薄くなったり見えなくなったりすることがあります。

出典：国立天文台「火星とは」を基に作成（https://www.nao.ac.jp/astro/basic/mars.html）

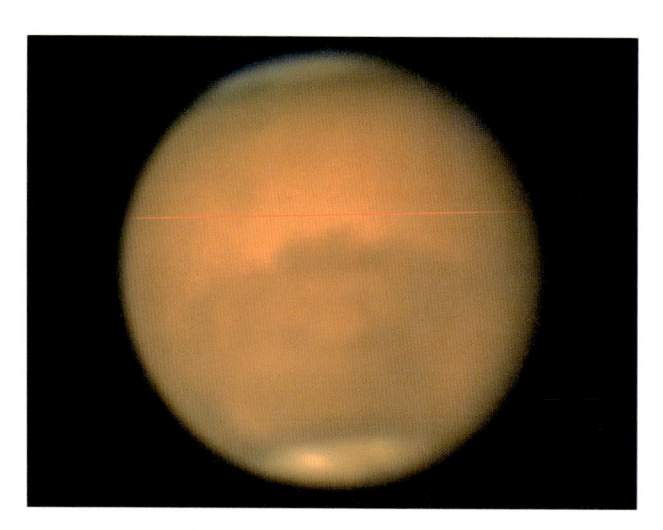

図 4-2　火星（2018 年）

© 国立天文台

武田 　風が吹いているんですね。火星の大気は乾燥しているので塵が舞い上がりやすい。粒もおそらく小さい。昔は海があって、それが干上がったんですから、もうカラカラのサラサラの砂が表面を覆っているのではと思います。

縣 　海が干上がったのが 38 億年前から 39 億年前っていわれてますね。
　質量が地球の 10 分の 1 しかないため、火星は進化が地球よりも早く、火星内部が冷えるとともに、早期に火星の磁場は消失してしまいました。また、太陽活動の安定化によって受け取る熱量も現在の状態に近くなる、つまり温度が下がります。大気中の水がしだいに分解して宇宙に逃げると同時に、表面にあった海の水は凍り付き、凍土として地中に含まれることになりました。現在の火星の大気量は、地球のおよそ 170 分の 1 しかありません。

武田 　水が噴き出した跡が観測されていますね。それは地下に氷があるからですね。大きな火山地形もあるわけですから、地下は比較的暖かいかもしれませんね。

人類は火星に行ける？

● 地球の生命の起源は火星？

武田 　火星も**ハビタブルゾーン**に入っていたんですよね。地球と自転の様子も似ているし、季節の変化もあります。まだ痕跡が見つかっていませんが、今の地球と似たような環境があったかもしれません。
　地球の生命の起源は火星なんじゃないかと思っていまして。火星の石が隕石となって地球に衝突して飛び散ったものの中に「生命のもと」が入っていたのではないかなと思っています。

 解説

ハビタブルゾーン
生命居住可能領域や生存可能圏などとも呼ばれます。地球と似た、生命が存在できる惑星系の空間を指します。液体の水が天体表面に安定に存在できる条件から求められます。

それは**生命の起源の有力な仮説**の1つですね。地球にまだ海がなく生命のいなかった時代に、火星で先に生命が誕生し、進化していたという説ですね。生命が誕生している火星に隕石がぶつかり、その破片が地球の軌道に乗って地球に落ちてくれば、それをもとに生命が誕生する可能性は出てくる、というものですね。

南極の氷の上に、火星の隕石が見つかっていますからね。だから火星から隕石がきたことは間違いない。地球では40億年ぐらい前の岩石が最古のものとされていて、地球最古の生命は38億年前といわれています。だいたい時間がつながっているんですよね。

ただし、まだ証拠は見つかっていませんね。昔、そういった成分が見つかったという報道がありましたけれど、あれは否定されています。火星に有機物はあるかもしれないけれど、火星からきた隕石や、火星の探査で、「確実にこれは生物だ」っていう証拠もまだないです。

ただ、火星を調べる衛星の探査によれば、メタンの放出量が、1年かけて変化する場所があるんです。夏になると発生量が増えて、冬になると減る場所です。牛のゲップなどがメタン。生物起源でメタンが発生しやすいわけです。

また、岩石の形状から昔火星で水が流れていたのは、間違いないですね。そういう環境であれば、火星で生命が生まれた可能性はあるってことですよね。

● 火星の環境を地球の環境と比べる

その火星に人間が行こうとしているわけですが、重力も小さく、空気もほとんどない。そこに本当にいられるのでしょうか。それこそ気象学の人たちが、気象学的にどうなのかということを調べなくてはいけないでしょうね。今は無人の探査機（**図4-3**）だけ

図 4-3　アメリカの火星探査機「Curiosity（キュリオシティ）」
©NASA

だから、壊れても大丈夫ですが、人間が行って事故に遭うと
大問題ですからね。

　　　　　衛星写真で火星の地形（**図 4-4**）を見ると、
地球の地形と似た砂漠や海岸のような形状があ
りますね。一方で気象的に見ると、大気の色合
い、夕日（**図 4-5**）の色合いなどはやっぱり地球とは違う。
それは塵が多いからでしょうか？

図 4-4　火星の地表
©NASA

図 4-5　火星の夕焼け
図 4-3 のキュリオシティが 2015 年 4 月 15
日に撮影しました。
©NASA/JPL-Caltech/MSSS/Texas A&M Univ.

図 4-6　黄砂が舞う空
黄砂によって霞んでしまった富士山です。東日本の黄砂は砂粒というよりも、パウダーのような小さな粒が集まったものも多く、呼吸器や目に入らないよう注意した方がよいです。最近は分かりやすい飛来予測もあります。(武田)

図 4-7　黄砂と太陽
黄砂が大気中にあったときの、輝きの弱い太陽と、黄色い空が広がっています。黄砂は、かつては西日本中心でしたが、最近は北海道や北日本に流れていくこともあります。また、春の風物詩でしたが、それ以外の季節にもやってきます。(武田)

武田

　地球でも塵、例えば黄砂が飛ぶと、夕空が黄色っぽく見えますよね、きっとそんな理屈でしょうね（**図 4-6 〜 4-7**）。

縣

　火星の夕焼けは赤っぽい色じゃなくて、青っぽく見えますね。一方、火星の昼間は空が赤っぽいですね。つまり、地球では波長の短い青が散乱し、火星では波長の長い赤が散乱しているんですね。

天体観測の適地

武田

天体観測にとっては、気象現象は厄介ですよね。望遠鏡を設置する場所には地理的な制約もあるのではないでしょうか。

縣

光を弱める、屈折させる、散乱させるなど、いろいろと不都合がありますよね。そのため大気がなるべく少ない山の上に行きます。すばる望遠鏡（**図4-8**）はハワイ島マウナケア山頂にあり、標高4,200mです。大気は海抜0mの地上の6割ぐらいしかなく、息苦しい感じです。さらに、アルマ望遠鏡（**図4-9**）のあるチリのアタカマ高地の5,000mでは、大気量は半分になります。

こういう場所では大気が少ない分、観測がしやすくなるのですが、それでもやっぱり大気減光や波長によっては地表に届かないので、地球の大気の外側に**宇宙望遠鏡**を作るわけですね。

大気のある地上では、可視光と電波と赤外線の波長が短い方（近赤外線）しか届かない。γ線、X線、紫外線、赤外線のほとんどの波長域、これらすべての電磁波データを取ろうと思うと、宇宙に行く必要がありますね（**図4-10**）。

 解説

宇宙望遠鏡

ハッブル宇宙望遠鏡やジェームズ・ウェッブ宇宙望遠鏡のような、可視光のみならず、X線望遠鏡や紫外線望遠鏡、赤外線望遠鏡などさまざまな種類の宇宙望遠鏡が活躍しています。

図4-8　すばる望遠鏡

すばる望遠鏡は日本の国立天文台が1999年に完成させた口径8.2mの光学・赤外線望遠鏡です。「すばる」という名前は公募によって選ばれました。建設には約8年の歳月がかかりました。現在でも世界第一線の大型地上望遠鏡として活躍しています。

Part 4　宇宙の見方

図 4-9　アルマ望遠鏡

© 国立天文台

アルマ望遠鏡は、東アジア、北米、ヨーロッパなどが共同で建設・運用する国際プロジェクトです。2003 年に建設が始まり、2010 年より観測を開始しました。66 台のパラボラアンテナを連動させて1 つの巨大な望遠鏡とする、「干渉計」方式の電波望遠鏡です。

図 4-10　ジェームズ・ウェッブ宇宙望遠鏡がとらえたカリーナ星雲

近赤外カメラ（NIRCAM）と中間赤外装置（MIRI）による合成画像で、距離はおよそ 7,600 光年です。

©NASA/ESA/CSA/STScI

• 補償光学とは？

（縣）

　　　　天文の観測では、気象現象による星像の乱れを補うために**補償光学**というものがあります。大気が揺れてるってことが分かっているわけですから、その大気の揺れをキャンセルしてやればよいという発想です。

　では、大気の揺れの量をどうやって測るかです。明るい星であれば、その星が揺れているので、その揺れの量を瞬時にフィードバックして、揺れをキャンセルすればよいのですが、

図 4-11

大型望遠鏡から発射されるレーザー光線

ヨーロッパ南天天文台（ESO）の大型望遠鏡（VLT）から補償光学を用いた精測観測のために、空の揺れを測るレーザー光線が発射されています。観測する天体の近くにレーザーガイド星を人工で作り出し、その人工の星の揺れをフィードバックして空の揺れをキャンセルします。（縣）

©ESO

 **解説**

銀河などの遠くの暗い天体だと、そういうわけにはいかない。そこで、レーザー光線を飛ばして、人工的に高層大気に星を作るんです（**図 4-11**）。この人工的な星の揺れをキャンセルします。

 　　カメラの手ブレ防止機能みたいなものですね。カメラの場合はセンサー面が動くようになっていて、手持ちのカメラが動いても、センサー面が逆に動いて画像のブレを防いでいます。

武田

 　　そうそう、手ブレ防止機能です。
　　そうすれば、宇宙に望遠鏡を打ち上げなくても、宇宙望遠鏡と同じ精度、すなわち**空間分解能**で観測できます。

縣

　補償光学装置のおかげで、分解能としては、ハッブル宇宙望遠鏡とすばる望遠鏡とでは、大差はないですからね。一方、暗いものを見る力＝集光力は望遠鏡のレンズや鏡の口径が大きい方が有利ですので、すばる望遠鏡の方が得ですね。

空間分解能

２つの物体を２つのものとして区別できる最小の距離が小さいほど空間分解能が高いといえます。

ただし、口径 2.4m のハッブル宇宙望遠鏡は赤外線観測も紫外線観測も可能ですが、すばる望遠鏡のような地上からの観測だと、可視光と近赤外線しか観測できないということになります。

　なので、大気圏から出るメリットは大きいですよね。一方で、宇宙望遠鏡は維持にお金がかかります。地上望遠鏡の 20 倍から 100 倍はかかりますね。すばる望遠鏡は 350 億円で、ハッブル宇宙望遠鏡は数千億円です。ジェームズ・ウェッブ宇宙望遠鏡は 1 兆円です。桁が違いますよね。

天文と気象で異なる時間のとらえ方

武田

 解説

　気象は世界同時に観測します。例えば、高層気象観測も世界同時に世界時の午前 0 時と午後 0 時に観測すると決めています。同じタイミングで今の空の実態を観測しています。

　一方で宇宙は、例えば一番近い恒星でも 4.2 光年離れていて、それはつまり 4.2 年前の様子を見ていることになります。月だって 1 秒前、太陽は 8 分前、北極星が 430 年前、アンドロメダ銀河が 250 万年前。つまり、昔のものしか見ることができません。

　天文は観測対象がみんな過去のもので、「自分が最先端」なわけですよね。子どもの頃にこのことを知ったときには、ものすごくびっくりしました。

　天文分野の人たちは、この時間についてどういうふうに考えているのかなと思っています。そういう世界の認識の仕方は気象ではあり得ないのですが、天文ではそれが当たり前な世界なわけですよね。**自分が時間の最先端にいるっていう感覚**が、すごく怖いと感じてしまうんですよ（笑）。

自分が時間の最先端にいる感覚

我々のふつうの生活では、周りと同じ時間で、周りに合わせて行動します。しかし、自分の時間だけ先に進んでいると、周りと調和することができず、自分が絶えず先頭を走り続けるという感覚です。(武田)

縣

『タイムマシン』『浦島太郎』『時をかける少女』など、違う時間の世界に生きていたり、そこを行き来したりする設定の作品がたくさんありますよね。

時間軸には戻ることができない、一方向の流れがあるんですよね。過去の記憶をいろいろと思い出せるけど、過去の自分には決して戻れないですよね。みなさん戻りたいこと、戻したいことはいっぱいあると思いますが（笑）。

宇宙のように非常に大きなスケールでものを考えると、武田さんがおっしゃった通り、同時性というものが失われてしまいます。今の自分と同じ時間軸の、「今この瞬間の太陽」というのは観測できません。8分19秒しないと今の太陽の情報は地球に届かないですからね。武田さんのおっしゃる「最先端」というとらえ方には、「なるほど」と驚きましたが、宇宙では、時間も入れて4次元で考えないといけません。

地球から見えているものは、時間軸上に近いものから、遠いものまでありますよね。よく聞かれるんですよ。「宇宙ってどれくらいの大きさですか？」と。宇宙の膨張スピードは分かるので、そこから推定して、「このぐらいでしょうかね」っていうことはいえるのですが、それを立証できないので、私たちは4次元で考えて、「何光年先とは何年前だ」と自動的に読み替えて理解をしているんですね。

武田

宇宙探査機と地上で交信すると数時間前の情報が届いたりするように、時間が遅れますよね。光もですが、電波を出してもすぐ届かない。時間のズレを常に気にしながら交信するというのは、不思議な感覚ですよね。

実は今この瞬間に、オリオン座のベテルギウス（**図4-12**）が、超新星爆発（**図4-13**）を起こしているかもしれませんが、それが判明するのに何百年もかかるわけですよね。

解説

『 **タ イ ム マ シ ン** 』
（ 原 題 : The Time Machine）

H・G・ウェルズの古典SF小説。タイムマシンを開発した主人公は、80万年後の未来に不時着します。2002年には映画化されました（監督のサイモン・ウェルズは、原作者H・G・ウェルズの曾孫）。

『浦島太郎』

日本のおとぎ話。いじめられていた亀を助けた浦島太郎は、そのお礼に竜宮城へ行くことになります。竜宮城でしばらく過ごして帰ってくると……。

『時をかける少女』

筒井康隆の連載を基に1967年に刊行された青春SF小説で、いわゆる「タイムリープ」ものです。数々のアニメ作品や映画作品になっています。

図 4-12　オリオン座のベテルギウス

海岸で、昇るオリオン座を撮影した写真です。左側のオレンジ色の一等星がベテルギウスで、右側の青白いリゲルとは対照的な色です。恒星の色は表面温度を反映し（**45 ページ参照**）、ベテルギウスは膨張して表面温度が低くなっています。（武田）

図 4-13　超新星爆発

重い星が寿命を迎えると、自らの重力でつぶれ、大爆発を起こします。これを超新星爆発といいます。左はベテルギウスの現在の状態を示すイメージ図で、右はハッブル宇宙望遠鏡がとらえたか　に星雲の超新星残骸です。

左：©ESO/L. Calçada
右：©NASA

縣

　難しいですよね。600 年ぐらい経たないと分からない。ところで、宇宙の観測で、**年周視差**で正確にその天体までの距離が測れるのは、300 光年ぐらいがギリギリです。それも、本当にわずかな 0.001 秒などという角度を測ってそうなっているわけですから、ベテルギウスまでの距離を測るのはめちゃくちゃ難しいわけです。

 **解説**

年周視差

距離を測りたい恒星を太陽から見た位置と、地球から見た位置のズレを年周視差といいます。太陽と地球の距離

武田

　　現在、宇宙は138億年前に誕生したとされています。つまり今、天体望遠鏡で138億年ぐらい昔までの間を見ているということですよね。「宇宙の最初（誕生）の様子が、遠くを見るとだんだん見えてくる」という、不思議な感覚ですよね。

縣

　　最初にできた銀河や星の話ですよね。一応、138億年前に、宇宙ができたときの様子は、電波として地球に届いています。その電波は**宇宙マイクロ波背景放射（CMB）**っていうんですけど、とても低温の電波です。**ビッグバン**から38万年後ぐらいの出来事なのですが、光が宇宙空間を直進できる温度まで宇宙全体の温度が下がります。ビッグバンの際は火の玉状態ですが、宇宙は膨張しているので、だんだん温度が冷えて、**素粒子**同士の絡み合いが少なくなっていったということですね。

　このビッグバンから38万年後に宇宙を直進し始めた光は、当時、超高温で、紫外線や可視光でも明るかったと思いますが、高速で遠ざかるためにドップラー効果（赤方偏移、**116ページ参照**）を受けて、どんどん温度が下がり、現在では**絶対温度で3K（ケルビン）の黒体放射**と同じエネルギーになっています。これを地球から観測すると、全天くまなくどこからもやってくるマイクロ波という電波になります。この絶対温度3Kに相当するマイクロ波のことを宇宙マイクロ波背景放射と呼んでいるのです（**図4-14**）。

と年周視差を使うと、三角測量の要領で恒星までの距離が分かります。

宇宙マイクロ波背景放射（CMB）
宇宙誕生後約38万年で宇宙空間に解き放たれた電磁波のことです。

ビッグバン
宇宙初期に真空のエネルギーが熱エネルギーに相転移した瞬間をビッグバンと呼んでいます。

素粒子
これ以上分けられない最小単位の粒子のことです。

絶対温度
0度になるとすべての物質がエネルギーを持たなくなることから定義した温度で、単位はケルビン（K）。摂氏温度（℃）との換算は、「K = ℃ + 273.15」。天文学では基本的に、絶対温度で表します。

黒体放射
黒体とは、電磁波をすべての波長にわたって完全に吸収し、自らも電磁波を放射できる仮想物体です。黒体からの熱放射を黒体放射といいます。

図4-14　プランク衛星のCMBの精密測定の結果

この楕円の形は地球から見た空全体を表す地図のようなものです。空のどの方向からも絶対温度3Kの物質が放出する微弱なマイクロ波（電波の一種）がやってきています。しかし、プランク衛星による精密な測定では、わずかにその電波の強さにムラがあることが分かります。オレンジの部分は強く、青は弱い。このデータを分析することで、宇宙の年齢や構成を知ることができます。（縣）
©ESA

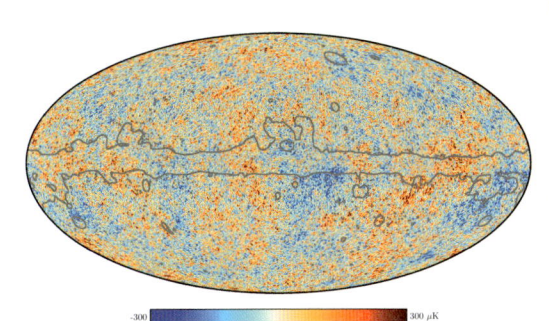

-300 　　　　　300 μK

天体分光学の歩み

● どうして緑色の星がない？

武田

　気象では、虹にはもちろん緑があるし、彩雲（43ページ参照）やグリーンフラッシュ（61ページ参照）という緑色の現象が結構あります。緑色に見える現象はすごく貴重ですが、確かにある。

　一方、天文の本や、教科書に出てくる星の色を見ると、白っぽい星、青白い星、青っぽい星、赤っぽい星、オレンジ色の星、黄色の星はありますが、緑色がない（**図4-15**）。実は自分が小さい頃に、このことがすごく疑問だったんです。当時はいろいろと調べても、誰に何を聞いてもちゃんと答えてくれる人がいませんでした。

　ぜひ、緑色がない理由を縣さんに教えていただきたいと思います。今も、当時の私と同じように思っている人がいるんじゃないでしょうか。「どうして緑色の星がないの？」って。

図 4-15　星の色
富士山の上を日周運動で動くたくさんの星について、写真を合わせたものです（左）。一等星以外の星は目では白く見えますが、天体望遠鏡で見ると多くの星の色が分かり、写真にもさまざまな色が出ます（右）。写真には緑色のような星も写ってしまいます。（武田）

図 4-16　太陽

まぶしいので、肉眼で直接見てはいけませんが、写真で見ると白っぽく輝いていることが分かります。光のスペクトルに白色はありませんが、青、緑、赤などの色がすべて混ざると白色になります。太陽にはさまざまな色が混じっているのです。朝夕に赤っぽくなるのは、大気によって青っぽい色が散乱するためです。（武田）

● 星の温度と色の関係

　星の色についてですね。Part2 で少し触れましたが、まず「太陽は何色か」というところから考えましょうか。昼間の太陽って白ですよね（**図 4-16**）。太陽のようにまぶしいものは白く見えます。光が混ざると白になるんですよね（**図 4-17**）。

縣

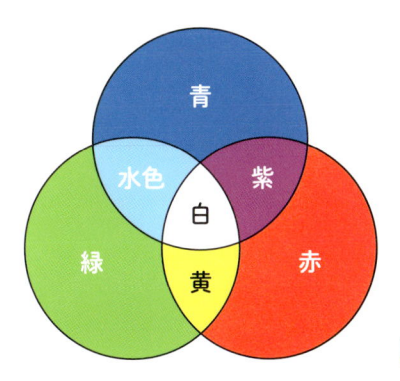

図 4-17　光の三原色

いろんな波長の光が混ざると白くなる。これが最初のポイントです。

ほとんどの星は白ですよ。でも、少し赤みがかった、オレンジ色っぽい星もありますね。火星なんかは赤みがかっています。また、青白い星もありますが、ほとんど白色で、少し青みがかっているというくらいの色です。

恒星の表面温度は、数千℃から数万℃。赤っぽい星では、3,000℃くらいで、青白い星では数万度、5万℃になるとすごく高温の星です（**45・111 ページ参照**）。

光を出しているしくみは、恒星とは全く違いますが、ろうそくやガスコンロの火を想像してみましょう。よく燃えている場所は青くて、不完全燃焼だとオレンジですよね。温度が違うと、酸素燃焼でも色が変わっています。

● コペルニクス、ケプラー、ニュートンの時代

縣

さて、ここから少し、天文学の歴史を振り返ります。**コペルニクス**が活躍した時代は、星の動きを幾何学、いわゆる数学の図形で考えていました。時代が少し進むと、「じゃあ、なんでそんな動きになるの？」という方向へ探究が始まります。

その後、**ケプラー**は惑星の運動を調べ、惑星が太陽に近づくと速く動いて、遠ざかると遅く動くということを発見しました。また惑星の軌道は円ではなくて楕円だということを示しました。これが 17 世紀のはじめ、今から 400 年ぐらい前です。

さらに時代は進み、今から 350 年ぐらい前に、**ニュートン**が現れます。彼は、リンゴの実が木から落ちることから、あることに気付いた。あらゆるものが引っ張り合って、重たいものほど引っ張る力が強く、軽いものはあんまり引っ張らない、と。また、近くに行くほど引力が働いて、遠ざかると弱まる。そこで、「重力が宇宙を支配している」ということに気が付きます。「なぜ惑星がそのように動くのか」の説明が付くようになったわけです。

それまで苦労していた問題が解決すると、今度は、「将来何がどう動いていくのか」を予測できるようになります。予

測通りに動かない星が見つかると、「何か他のものが引っ張っているのだろう」と予想できるようになります。そうやって未知の惑星が見つかったわけです。**海王星**がそうですね。

● 写真の発明と天体分光学

縣

コペルニクスの「地動説」の提唱や、ニュートンの「万有引力の法則」の発見などによる科学の革命の後に起こった重要な出来事が、「写真の発明」です。これが 19 世紀中頃（1850 年前後）です。カメラが使われるようになってきた時代に、**「分光学」**という学問もさかんになります。

もともと、ニュートンなどもプリズムで光を 7 色に分けられることを知っていましたが、カメラと分光器の合体によって、大きく進展するわけです。天体観測で「その星は、どういう虹の色（＝スペクトル）か?」を、詳しく調べられるようになったわけです（**図 4-18**）。これを天体分光学といいます。

天体分光学の発達によって、宇宙が銀河でできていることや、宇宙が膨張しているといった、今から 100 年前の**ハッブル**の大発見がなされます。

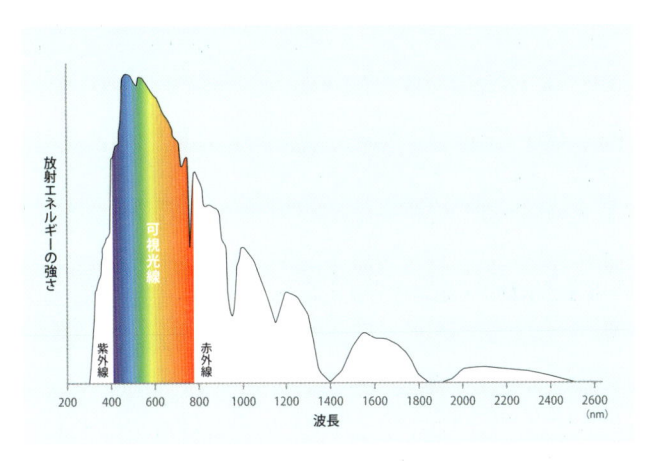

図 4-18　地上に届く太陽放射のスペクトル分布
太陽からの放射は、地球の大気で少し吸収されますが、可視光線を中心に地上に届きます。

アイザック・ニュートン (Newton, Sir Isaac、1643 ～ 1727 年)

「万有引力の法則」を発見したイギリスの物理学者、天文学者、数学者。著作『プリンキピア（自然哲学の数学的諸原理）』は近代科学の手本となりました。万有引力の発見によって、天体の運行の根本的なしくみを説明しました。

出典：Wikipedia

海王星の発見

イギリスのジョン・C・アダムスとフランスのウルバン・ルベリエという 2 人の科学者が、それぞれ独自に、万有引力の法則から求められた天王星の運動と、実際の天王星の運動の違いから、天王星の外側に未知なる惑星があると予言します。
ベルリン天文台の J・G・ガレが 1846 年にルベリエの計算を基に観測を行った結果、予言通り海王星が見つかりました。

• 分光すると何が分かるか（組成、運動、温度）

縣

19世紀中頃から、天文学者はさかんに星の光を分光していました。分光すると何が分かるかというと、まず、そこにどういう物質があるのかということ。

実際に恒星を分光すると、恒星のスペクトルのなかに黒い線が表れます。太陽を測ってみると見知らぬ黒い線が入っていて、「何だこれは」となる。とりあえず、太陽で見つかったので、ヘリウム（語源であるギリシャ語で太陽は「ヘリオス（Helios）」）と名付けられました。

鉄やナトリウムなど地上にあるものの場合、実験室でそれらを燃焼させ（炎色反応）、そのスペクトルを記録すれば「どんな元素なら、どの波長で吸収線となって見えるか」が分かるので、太陽の表面には「鉄やカルシウムなどが太陽表面にもありそう」などと、恒星の表面にある物質が分かるわけです。つまり、星の組成が分かる。

それから、**ドップラーシフト**。

天体を分光観測した場合、先ほど説明した吸収線が、長い方（赤い方）に移動して写っていたら、その天体は地球から遠ざかっていることになります。逆に短い方（青い方）にきていれば近づいていることが分かる。つまりこれは、星の視線方向の運動が分かるということです。これによって系外惑星を見つけたり、ブラックホールを見つけたりすることができます。これは分光しているから分かることです。

天体分光学から分かる組成と運動、この2つよりももっと大事なことは、その表面温度が分かることです。ろうそくやガスコンロの例で示したように、色が温度と対応している。では、恒星の表面温度はどうやって調べるのかというと、「**プランクの法則**」を使います。

温度が低い物体は、赤外線を出しています。赤外線を発見したのは**ハーシェル**という人です。太陽を分光観測し、目で見えている赤い光のさらに外側に温度計を置いたところ温度が上がったので、何もない（可視光ではとらえられない）けれども、熱がきていることが分かったのです（**図 4-19**）。

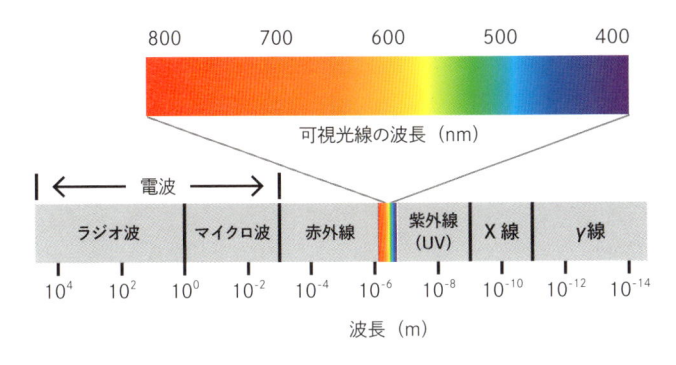

可視光線の波長（nm）

電波

| ラジオ波 | マイクロ波 | 赤外線 | 紫外線
(UV) | X 線 | γ 線 |

10^4　10^2　10^0　10^{-2}　10^{-4}　10^{-6}　10^{-8}　10^{-10}　10^{-12}　10^{-14}

波長（m）

図 4-19　電磁波の種類

人間が目でとらえられるのは、電磁波のごく一部です。（縣）

この熱線が赤外線です。

気象学でいうと、赤外線の放射が温室効果の要因ですよね。例えば、太陽の表面温度を測っていくと、どの温度のときに、どれだけ、どんな光（＝波長）が出ているのかが分かります。

●「緑色の星がない理由」の答え

縣

さて、緑色の星がないのはなぜか。この答えはというと、「緑色だけで光っている星がないから」です。

仮に、「星が青い光と赤い光を出している」としましょう。青い方の光が強ければ青っぽく見える。赤い方の光が強ければ赤っぽく見える。先ほどのろうそくの話のように、温度が低い星は赤っぽくなり、温度が高い星は青っぽくなります。

そして、その中間の温度の星は、緑ではなく白になる。これはどうしてかというと、青と赤の真ん中の緑色を発する温度の星は、青い光も赤い光も一緒に入ってくるからです。色の三原色（**図4-17**）のように、青、緑、赤を混ぜると白になる。だから緑に光る星はないということです。

白い星も、虹のように分光すれば緑色は取り出せます（**図**

観測の分野にも用いられています。ドップラーレーダーで、近づく風や遠ざかる風、さらには雨粒の動きや竜巻を観測します。（武田）

プランクの法則

例えばここに、ある黒い物体があったとして、その温度を測る場合、「低い温度だと、この色がいっぱい出ている」、「温度が高くなると、こういう色が出る」といったように、色（波長分布）で状態を知ることができる法則です。

発見者であるドイツのプランク（Planck, Max Karl Ernst Ludwig, 1858 ～ 1947 年）にちなんでこの名前で呼ばれます。（縣）

ウィリアム・ハーシェル（Herschel, William、1738 ～ 1822 年）

宇宙の構造を実測して近代天文学をひらいた、イギリスの天文学者です。天王星や赤外線を発見しました。

出典：Wikipedia

図 4-20　地球大気によって分光された星の光

低空の星が瞬いているときに、カメラを動かしてその色の変化を撮影したものです。1秒くらいの間に星の色がこれだけ変わっていました。これは星自体の色の変化ではなく、地球大気によって星の光が分光したもので、緑色が見える瞬間もあります。（武田）

4-19）。これを「虹のスペクトル」といいます。これを見れば、緑の光もきていることが分かります。ただ、赤い光も青い光も届いているので、白く見えるというわけです。

武田　ありがとうございました。

人間の目って緑色が多少強くても、白く感じるようで、緑色の星がないと感じるのは、人間の目の特性も関わっているのかなとも思っています。実はカメラで撮ると、緑っぽく写る星もあるんですよ（**図 4-15**）。照明器具でいうと、蛍光灯も実は緑色をいっぱい出しています。写真で撮ると緑です。でも、肉眼で見ると白く感じますね。

人間の目って、届いた光のなかでも一番強い部分を感じますが、緑だけはなぜかそうなりにくいようです。

縣　ちなみに、緑の領域だけで光る星はありませんね。熱放射というものは、必ずいろいろな波長の光が混ざっていて、赤外線も、紫外線も、X線も、電波もきます。これがプランク放射＝黒体放射ですね。

天球と透明半球

● 天球の誤解

武田

宇宙を球体とした「天球」（**図4-21**）は中学校の教科書に出てきて習いますよね。小学校では、「透明半球」（**図4-22**）という太陽の動きを調べる道具もありますね。地球を中心とした宇宙が球状だととらえた上で、球面上で天体が動いていると仮定して。

ただ、同じ空を扱っているのに、気象学では天球というものは全く出てきません。もし天球に雲を書いて、その雲を動かしていくと変になってしまいます。というのは、宇宙は無限遠にあるから、天球として表現しやすい一方、気象は扱う高さがそこまでないので、ある地点から横に行けば行くほど、距離は遠くなっていきます。真上では近いけれど、地平線近くになると、ぐっと離れる。それを天球にすると、距離感がすごく歪んでしまいますね。

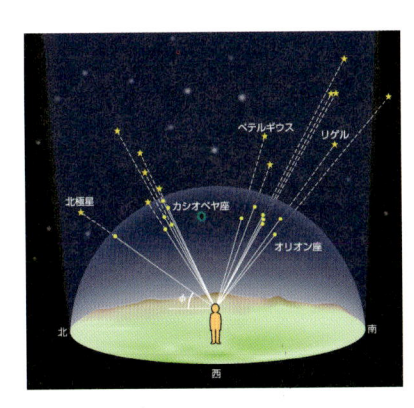

図4-21 天球の概念図
観測者（自分）を中心として天体がそこに貼り付いているかのように見える仮想的な球面を天球といいます。
出典：天文学辞典
(https://astro-dic.jp/celestial-sphere/)

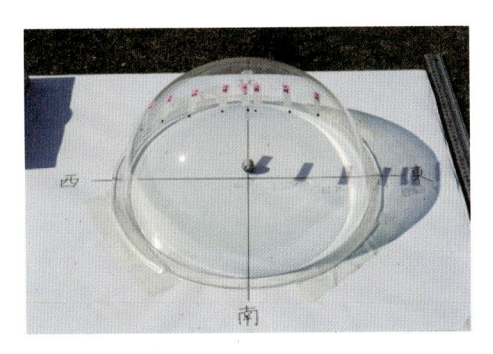

図4-22　透明半球
© 福岡県青少年科学館

気象と天文の違いを考えるとき、「天球」は天文の先生が編集に関わった教科書にはほとんどのっていますので、伝統のようなものでしょうか。実際の星の距離はみんな違いますが、天球で表した場合は、星をすべて同じ距離に持ってきていますね。ひとまず「半径無限の仮想的なもの」として理解する上ではよいのかもしれないけれど、本当の宇宙ではないですよね。

天文分野の方の天球というものに対するとらえ方が、どういったものなのかなと気になっています。

縣

例えば太陽は、直接見えない（見てはいけない）ので、我々は古くは数千年以上前から、「ノーモン」という、棒を立て、棒の影で太陽の方位や高さを測るもので記録しました。今でいう日時計ですね。

学校ではそれを、アクリル製の透明半球を使って、その表面にペン先を持っていって、ペン先の影が中心に落ちる場所に印をしていくわけですよね。すると、直接見ることができない太陽の位置が正確に、透明半球上に落とし込まれるわけです。

これを、小学校4年生の「太陽の動き」、中学校3年生の天体の学習でやるわけですね。

で、これを天球だと思ってしまってる人が多いですね。天球（celestial sphere）と、教材の透明半球は、全く違うものなんです。

● 古代の人の宇宙観と天球の成り立ち

縣

天球はもともと、古代ギリシャの時代の学者が生み出した考え方です。

武田さんがおっしゃるように、「半径無限のところにある、仮想的な球」なんですよ。めちゃくちゃ遠いところにある球というのを想定して、そこに星々がある、としたわけです。それはなぜかというと、肉眼で観察する限りでは、「恒星の**視差**はない」として問題ないからです。

古代ギリシャの哲学者（科学者）たちが一生懸命調べても

視差（パララックス）
位置が異なる2地点から観測することにより、対象物の見える方向が異なることです。110ページの「**年周視差**」も参照。

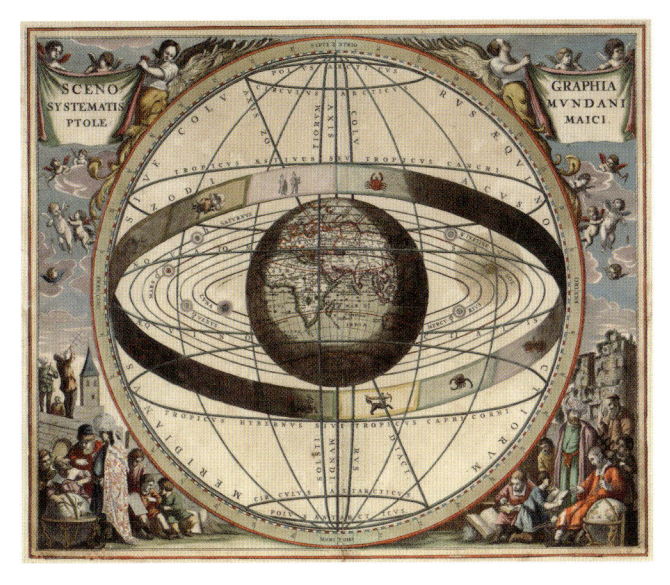

全然、視差は見つからないんですよ。どれだけ場所を移動しても全く視差を測れない。視差がないということは、とても遠いってことですね。先ほど話に出た雲で考えると、雲をある地点と別の地点で見たときには、違う方向に見えるから、高さが決まっていきます。星でいくら測っても測れないってことになると、これはもう、めちゃくちゃ遠いところにあるということで、それを天球と呼びました。そこに恒星があるので、恒星天という言い方もあります。そういうものが天球ですね。球として仮想すると便利なのは、太陽や月、いろいろな星々の 1 時間ごとの動きや、1 カ月ごとの動きというものが、イメージしやすくなるんですね。

　古代ギリシャには有名な学者たちがいますよね。例えばアリストテレスと、紀元 150 年頃にエジプトのアレクサンドリアで活躍したプトレマイオス（英語でトレミー）。アリストテレスやプトレマイオスたちが考えた「宇宙」像があります（**図 4-23**）。すでに当時は、地球は丸い球体であることが分かっていましたので、その周りにすべての天体が球殻状に（バームクーヘンの模様やマトリョーシカ人形の構造を想像してください）地球を囲んでいるという考え方でした。

ただ当時は、月、金星、水星、太陽、火星、木星、土星などの星々は、天球上ではなくて、その内側にある球の空間を移動していて、1番外側に天球があるという概念でした。

教科書作りの現場にいると、天球という言葉について「混乱しているな」って思います。天球ではないのに教科書によっては天球って書いていたりもします。これまで説明したように、言葉そのものの使い方が、日本の学校教育のなかではあまり適切ではないので、武田さんのように「変だな」って思うのは、ごく自然な感じがしますね。

●「仮想的なモデル」で考えることの メリットは？

縣

天球という、仮想的な球を作ることによって、恒星が半径無限にあるとして、星（点）の位置を固定できます。その当時（古代ギリシャ）、惑星の動き、太陽の動き、月の動きをどう表すのかを、当時のユークリッド幾何学やその後7世紀から8世紀に登場する**球面三角法**を使って調べていました。点が決まると、計算上便利になる。これが1番のメリットですね。

ただ、本当の宇宙の姿は地球中心で動いているのではなく、全然違う姿をしていますからね。恒星同士の距離も違います。宇宙の構造、歴史、進化を考える上でも、もう天球というのは使いません。

武田

天球は、地球から見た場合の星座や天体の位置（方角）を知るために利用できますね。プラネタリウムなどで宇宙を旅すると、惑星や恒星や銀河の間を移動するので楽しいです。3Dの技術は天体を知る上でとても有効ですね。

気象も空間で起こっていて、積乱雲や台風の構造で3Dが活躍することがありますが、天気図などは平面図を使うことがまだ多いです。台風に関しても、直径数百 km に対して高さが十数 km ですから、実際はかなり平たい立体構造です。気象も 3D で見ると、かなりおもしろいと思います。

球面三角法

学校で平面図形や立体図形を習いますね。これらの場合は、直交する2軸（X－Y平面）や直交する3軸（縦、横、高さ）で座標を示します。天球上や地球上の位置や距離を示す場合、面が平らではなく球形ですので、学校で習う公式が成り立ちません。

例えば、三角形の内角の和はいくらでしょう？　平面の幾何＝ユークリッド幾何学では180度となります。ところが、球形の上に三角形を作るとその内角の和は180度にはなりません。これが非ユークリッド幾何学＝球面三角法の基本です。余弦定理や正弦定理などの数学を用いて計算します。（縣）

Part4 のまとめ

・太陽の何を調べる?

　天文学では太陽活動を調べます。太陽活動は約 11 年周期で、活発期はフレアが起こりやすくなります。一方、気象学では地球に届く光の強さや日照時間を調べます。太陽光（エネルギー）と、光の当たり方が、季節や気象現象を作ります。

・生命の起源は火星?

　火星には大気があるので、砂嵐といった気象現象が起きています。かつて火星はハビタブルゾーンに入っていて、地表には水が流れていたとされています。そのため、証拠はまだ見つかっていませんが、火星から地球にやってきた隕石に地球の生命のもとがあるのではという説が存在します。いくつかある生命の起源の説の 1 つです。

・望遠鏡と補償光学

　地上から宇宙を観測するには、大気の影響が少ない立地が選ばれます。それでも大気の影響を完全に取り除くことはできないので、補償光学という技術が用いられています。補償光学の技術によって、大気の影響を受けない宇宙望遠鏡とほぼ同じ精度・分解能で観測することができます。

・天体分光学の発展がもたらしたもの

　分光によって、天体の組成、運動、温度が分かります。19 世紀中頃から進んだ天体分光学によって、天体の様子だけでなく、宇宙が膨張していることが分かったり、ブラックホールを見つけたりすることができるようになりました。分光学の知識は、気象現象をより詳しく見る上でも役に立ちます。

・天球と透明半球は別物

　学校の授業で使われる透明半球は、天球と混同されがちです。透明半球は太陽の動きを調べる学習用具で、天球は古代ギリシャの学者が生み出した考え方です。

Part 5 気象にも天文にも親しみ、深めよう

気象学や天文学に限らず、自分が好きな分野を探求していくために大切なこととは? 高校の教員だった 2 人が、今の若い人へ伝えたいこととは何でしょうか?

その現象の専門は気象?天文?

● 国立天文台に寄せられる「気象」の問い合わせ

縣

国立天文台に入って 25 年が経ちますが、ずっと携わっていた仕事に「天文情報センター普及室」があります。普及室では市民向けのいろいろなサービスを提供していますが、そのなかの 1 つにみなさんからの質問を受ける「質問電話」があります。「夕方、こんな雲が見えたんですけど、あれは何ですか?」、「空に何か光っているものがありますが、あれは何ですか?」、「明日の天気はどうですか?」といった問い合わせがきます。

このような質問は、私たちは専門外なので、もちろん答えられないんですね。でも、一般の人にとっては、天文台と気象台の区別は付きにくいのだと思います。

今はあんまりないのですが、昔は**気象庁**からもよく電話が回ってきましたね。「天文の問い合わせがきていて気象庁では答えられない」ということで。

武田

気象庁が窓口の「天気相談所」ですね。国立天文台でも気象庁でも問い合わせのウェブページには、「こういう内容ならお答えできますよ」といった説明が入っていますが、それでも寄せられるので

 解説

国立天文台（NAOJ）
日本の天文学研究の中心研究機関。正式名称は、大学共同利用機関法人自然科学研究機構国立天文台です。本部は東京都三鷹市にあります。前身の東京天文台は、東京大学の附置研究所でした。すばる望遠鏡（ハワイ）、アルマ望遠鏡（チリ）、野辺山電波観測所（長野県）など国内外に観測所を持ち、大学の研究者や大学院生が研究で用いる観測装置やスーパーコンピューターを提供しています。（縣）

気象庁
1875 年（明治 8 年）に東京気象台として発足しました。気象や気候、海洋、地震、津波、

しょうね。

　　　　　天文台で答えられないことがあれば、気象庁や日本気象協会、ものによっては東京大学地震研究所へ。餅は餅屋ということで、答えられないものは他に回していました。

　例えばスプライトっていうのは、超高層大気で起きる現象で、もちろん天文屋さんでも関心がある方はいます。ただ、こういった現象を目にしたときに、どんなところへ問い合わせをすればよいかは、難しいでしょうね。

　　　　　スプライトの起源は雷雲です。地上の雲から発生しているので気象現象。でも、同じような高さで起きている現象に、流星の発光がありますよね。宇宙の物質だから流星の研究は天文なのでしょうが、流星が光っているように見えるのは大気のしくみによるものですね。オーロラもそうで、大気が光っているのですが、これを研究する場合は**地球物理学**っていう分野に入ります（笑）。

　　　　　我々天文学の研究者は、太陽も研究テーマですけど、今は宇宙天気予報もあり、地球との関係が深いので、天文学以外の分野の方々も当然研究をされています。

　一方、太陽系の惑星、月をはじめ火星や木星などは、天文学者は実はもうほとんど研究しないですよね。探査機が飛んでいってますから、地球物理学のメインの研究フィールド（惑星科学）になっています。だから、一般の方のイメージも、時代によって変わってくるんだとは思いますね。

　　　　　気象分野は**気象予報士制度**が 1994 年に始まってから、一気に関心が高まりました。

　　　　　もともと天文って、アマチュアの人がいっぱいいて裾野がすごく広い。プラネタリウムや科学館がいっぱいあって、天体観望会もあって。一方で気象はあんまり人気

火山などの自然現象の観察・観測、観測データの取得・収集、スーパーコンピューターなどをはじめとする各種システムを活用した解析・予測、情報の作成・提供、さらに、それらに必要な調査・研究などの業務を担っています。

地球物理学

地震や火山を含む地球内部、海洋、気象や超高層を含む地球大気、太陽系惑星間空間までの広い領域を研究対象としています。物理的手法を用いて研究する学問で、近年になって発展しています。高校までは地学の範囲ですが、大学では天文と同じ物理系に含まれます。（武田）

気象予報士制度

気象予報士制度は、気象業務法の改正によって 1994 年度に導入されました。気象庁が提供する数値予報資料な

がなかった。

　今、約1万2,000人の気象予報士がいるんですけど、気象予報士たちが、テレビの天気予報でいろんな気象の話をするわけですね。天気についての楽しい話を伝えたり、講演会をしたりと。やっと裾野が広がってきて、大人にも子どもにも気象の楽しさが伝わる機会が増えましたね。

　私もそういった場で話したりしていますが、天文と気象の区別が付かない、分からないからこそくる質問もあります。

　例えば、地球以外の惑星の大気のことや、系外惑星に大気があるかどうかを聞かれます。天体について、気象学の観点でもみなさん興味は持っていますね。

● 天文や気象に関わってみる

　天文学の分野では、この15年ぐらいでしょうか、オープンサイエンス、データの公開が進んでいます。太陽黒点の観測、流星の数の調査、銀河の形態分類、ブラックホール探しなどなど、昔からやっていることを含め、いろんな分野、いろんな研究テーマで、一般市民が参加できるものがあります。

　気象学でも、そのときその場所で撮らないと残らないような現象があると思います。一般市民の人が関わることができることがいっぱいありそうなのですが、アマチュアや趣味で参加できるような研究手法はないのですか？

　実はあまりないですね。そういった記録方法は、写真家や興味のある人が趣味でやっている、という具合です。でも、今はSNSも発達して、個人で情報発信がしやすいですから、新しい現象が見つかったらどんどん発信するといいのではないでしょうか。SNSは気になる人の目にとまりやすいですし、自然に参加型の活動ができてくるのではないかと思っています。

　こういった活動は、ハードルが高いことではないと思いますが、誤った情報を出さないことには気を付けないといけま

どの高度な予測データを、適切に利用できる民間の技術者を確保することを目的としたものです。気象予報士になるためには、気象予報士試験に合格し、気象庁長官の登録を受けることが必要です。

図5-1　子供たちが参加する天文イベント

子どもたちが参加した「世界天文年2009」の「君もガリレオ！」ワークショップの様子。
写真提供：世界天文年2009日本委員会

図5-2　天体観望会の様子

山梨県にて開催したときの様子（写真右：縣 秀彦）。

せんね。あとは写真を変に加工したりしないことでしょうか。

　きちんと記録して、科学的に正しい情報を出せば、新しい科学の方法が生まれると思います。みんなが研究者になれる。雪の結晶や低緯度オーロラなど、できるものからシチズンサイエンスは始められます。

縣

　みんなが撮ったものを、どうやって研究に活かすか、集めてどう処理するか、そういうしくみ作りについても考えていかないといけませんね。

武田

　そうですね。例えば、竜巻。もし誰かがスマートフォンで、竜巻の雲を撮って保存していれば、気象庁が画像から竜巻と断定できる。誰かの記録が、気象学の役に立つことがあります。

🎓 仕事と進路

縣　宇宙というのは、どんなに研究を進めたとしても、かえって謎が増えてしまうということばかりですが、気象の分野で、これから研究者を目指したい人にとっては、どんなテーマがおすすめでしょう？　もしくは、どういった仕事の重要性が高まりそうでしょう？

武田　地球温暖化が大きな課題になっています。地球温暖化が原因と思われる極端な気象現象も増えてきています。地球温暖化の影響で、各地で**気象**だけでなく**気候**が変わりつつあります。気候に関する研究が大事ですね。例えば生物のなかには、気候が変わってしまえば、そこにすめなくなってしまうものも出てきます。気候に関する研究は農林水産などの産業にも関わりますよね。また、観光産業にも結び付きます。例えば、毎年流氷が見れていた観光地で流氷が見れなくなってしまうと、地域産業に影響が生じます。

こういった、いろいろな産業に結び付けて気象を考えていくことが大事なんだと思います。気象予報士たちがそういう分野に入っていってはいますが、まだまだ少ない印象です。

そういったことを鑑みると、気象予報士は今、1 万 2,000 人ぐらいいますが、活躍できる場がまだまだ少ない。各自治体や教育委員会、学校、そういったところに気象予報士がいてほしいなと思います。

例えば学校では、台風がくるというときに、子どもたちの安全を守らないといけませんが、休校や登下校の適切な判断ができない場合があります。

私も教員時代によく経験しましたが、積乱雲が周囲にできると、もう危ない。雷が落ちる可能性だってあります。校庭にいる子どもたちを校舎の中に避難させるかどうかの判断

📑 解説

気象と気候の違い

気象とは、気圧や気温、雨や風といった大気中の短期間の現象を指します。気候は、ある地域の気象の長期的・平均的な状態や変化を指します。

は、気象の知識のないその場にいる人たちにはよく分かりにくい。でも、気象予報士であれば適切に判断できるので、自治体、教育委員会、学校などに活躍できる場があればいいのになと思います。

　また、大きな火山の噴火（**図5-3**）などが、天候に影響します。そういう予想にも気象学がしっかり対応しなきゃいけないですね。人々の命や生活に関わることですので。

　さらには、気象をやっていると、意外なところから求人がくることがあるんですね。例えば、商社や保険会社。天候や気候のデータがやっぱり必要なんですね。

　日本は地震国、火山国で、気象災害が多い国です。それに、日本の気象観測や、コンピューターのシミュレーション技術のレベルは世界的に見ても高いです。日本で活躍できれば、海外のいろいろなところでも活躍できるんじゃないかなと感じます。異常気象や気候変動と、その分析や対応といったことには、世界中の幅広い分野の産業や仕事が関わってくるので、今後、気象予報士の活躍の機会も増えてくるのではないかと思います。

図5-3　火山の噴煙

2018年の新燃岳の噴火。窓ガラスが割れるかと思うような大きな音がして外に出たら、すでに噴煙が大きく上がっていました。3kmほど離れていたので、音が10秒ほど遅れたためです。この後、風下側にはたくさんの火山灰が降りました。（武田）

図 5-4　南極から授業をお届け

南極地域観測隊は、雪氷、気象、オーロラ、地質、海洋、生物、天文などのさまざまな研究を行い、地球や宇宙を広く見ています。南極の大気中の二酸化炭素濃度が、世界的な増加により上がっていることも観測で分かります。また、大きな地震を含めた地球の動きを観測し、積もった氷から 100 万年近く前の空気などを採取します。もちろん、大陸の上は天体観測の適地です。まさに、地球や宇宙を知る「地学の世界」です。昭和基地では毎年 2 人の小中高校の教員が現地から授業を行っています。写真は、越冬隊員の武田が中学生に向けて授業を行っている様子です。（武田）

縣　例えば「スペース」分野のみでも、オーロラ、スプライト、流星を研究する人もいれば、国際宇宙ステーションに乗る人、ロケットを上げる人、人工の流れ星を作る人、月に行く人、スペースデブリを回収する人、月を観測する人もいます。みなさんおもしろいサイエンスに携わっています。一方、天文学の研究分野では、観測天文学と理論天文学の2つがあります。

このようにいろいろな分野があり、子どものときから興味があって天文の分野に入っていく人が多いですが、最終的に携わる仕事は、たいていは大学院のときに与えられたテーマの延長になることが多いですね。

武田　研究者になると、何かの分野を集中的にやることになりますね。だからこそ、子どもたちには、いろんな世界を広く見てほしいですね。何かを集中してやるにしても、その周りが見えた方がいいですよね。

縣　視野を広げる。どんなものにでも好奇心を持てるということは大事じゃないですか。文系や理系、いろいろな進路の分かれ方がありますが、

そもそも好奇心を持って何かを解決する資質といいますか。

武田 　天文学的に見た気象もおもしろいし、気象学から見た天文もおもしろい。そういうリベラル・アーツといいますか、異なる分野を融合して、いろんな発想力を養うということが大事になってきていると思います。

　将来的に研究者を目指そうと思っている人も、今、小中高生なら、自分なりにいろんなことに興味を持った方が、それらのつながりが分かってくるので、絶対おもしろいと思いますね。

縣 　小学校はもちろんだけど、中学校、高校ぐらいまでは、興味を抱くものは何でも構わないと思います。動物や植物が好きでも、将来は天文や物理の道に進んでも全然構わないし、実際に進むこともできる。もちろんその逆でもいいわけです。

　ただ、高校の終わり頃になってくると少し難しい。日本の学校教育だと、数学がついていけなくなってイヤになっちゃって理系の進学をあきらめるっていう人が多いですね。これはもったいないことです。でももし、科目の壁を超えることができれば、研究の世界で「博物学」を活用することができます。

　しかし、今の学校教育では、中学校くらいですでにそういうことが育めなくて、例えばエネルギーや重力のような、目に見えないもの（＝理論）を理解できない人に対して、「計算ができない人は理系の道から出て行きなさい」みたいになっている。非常にもったいないですね。天文が好きなのに、天文に進まなかったという人がいっぱいいるんですよ。

武田 　高校では、地学が好きで気象や天文の道に進みたいという人は、選択科目で物理や化学を学ぶ必要があります。ところが、現状、地学は文系の人が共通テスト対策で選ぶことが多くなっています。本当に地学分野の研究の道に進みたい人は、なかなか地学を選択できないという状況になっていますね。これももったいないことです。

探究しよう

　子どもの頃って自然への興味というと、恐竜、昆虫、空などなど、さまざまありますが、どれも観察したり、集めたり、図鑑を見たり、スケッチしたりして、いろいろと想像を膨らませたりしますよね。

（縣）

　これは「y の学問」といわれる博物学的な取り組みですよね。天文学（Astronomy）、昆虫学（Entomology）、考古学（Archeology）というように、y で終わる学問。こういう学問は、**帰納的**なやり方です。

　一方、いわゆる**スプートニクショック**後にアメリカから入ってきた現代日本の理科教育は、帰納的ではなくて、**演繹的**なやり方をしています。つまり、ある理論から仮説を立てて、検証するというアプローチです。このやり方では数学が必要になります。これらは「x の学問」といいます。数学（Mathematics）、物理学（Physics）などです。

　x の学問に馴染めない人が、理系の道から追い出されていくことになる。そういう人でも、研究の先端では実は必要とされるのに、中学や高校で道が途絶えてしまう。非常にもったいないことですね。

　いろいろなことに興味を持って、理解して、**科学的**なアプローチをとってほしいです。少なくとも、インターネット検索や SNS で流れてくるような情報を、1 次情報も確認しないまま信じるようにしない姿勢が必要ですね。

　この姿勢は、自然科学に限りません。観察や実験をして、自分でちゃんと調べる。博物系でも実験系でも、簡単な夏休みの研究でも何でもいいわけです。物事を探究する方法をきちんと身に付けて、自分で問題を解決するということを経験していけば、例えば、地球温暖化のような重大な課題についての考え方にもきっと応用できると思います。

 解説

帰納法と演繹法

帰納法とは、個々の具体的な事柄から一般的な法則を導くことで、演繹法とは、一般的な原理から論理的な推論を経て個々の結論を得ることです。

スプートニクショック

冷戦時代の 1957 年に、旧ソ連が世界で初めて人工衛星の打ち上げに成功し、アメリカをはじめとする西側諸国は衝撃を受けました。
アメリカで教育改革が行われ、その影響が 1960 年代の日本の教育指導要領改訂につながり、教育の現代化・高度化が進みました。当時は高度経済成長期で、科学技術教育の充実が重要視されました。その頃から、「詰め込み教育」や「落ちこぼれ」といった教育課題が取り上げられるようになりました。

科学的とは

ある情報や考え方を科学的か非科学的か判断したいときは、「再現性」と「因果関係」を気にしてみましょう。データの出どころがど

武田 今の学校には「総合的な学習（探究）の時間」があって、学校の時間で好きな研究ができるようになりました。かつては「探究しよう」といわれても、趣味で自由研究をするしかなかった。今は学校の時間で堂々とできます。こんなにうらやましいことはないです。

縣 好きなことができる環境にどんどん変わっていますね。それにインターネットも発達して、昔だったら本や雑誌にしかなかった情報も、今ではすぐに調べられます。ただ、間違った情報もいっぱい出回っていますから、一長一短かもしれません。

武田 間違った情報との接し方も含めて学んでいってもらえればと思います。自分で現場に行って、本物に接していけば、その情報が正しいのかどうかきっと分かるようになりますよ。特に自然科学の分野では、その場所へ行って、自分の目で観察すること、体験することが大事だと思います。

縣 「目が肥える」という言葉がありますからね。人工知能（AI）が作った画像だって、目が肥えていれば、「それは AI が作ったものだ」って分かってくるじゃないですか。

ただ一方で、インターネットや AI のような技術の発達も、うまくいけば科学の革命につながるんじゃないかとも思います。例えば天文学は、Part4 で話したように、写真の発明と分光学によって大きく進歩しました。

スーパーコンピューターや AI が発達していけば、まだ知られていない宇宙の姿が見えてくるかもしれない。気象現象もそうかもしれませんね。今はそういう時代の過渡期にいるはずです。宇宙や気象への理解も、100 年後には全く変わっているかもしれません。

こなのかを確認することも必要です。

再現性とは、方法が同じであれば、誰が、いつ、どこで実施しても同じ結果になることです。原因と結果が明確な因果関係となっていることも大切です。

しかし、「科学的に正しい」とされてきたものでも、科学や技術の進歩で覆ったものや、今の科学では結論を出せないものも多く存在するので、万能の考え方ではありません。

おわりに

たけだ やすお
武田 康男

空はどこまで続いているのか、不思議に思ったことはありませんか。昼間には青空と雲があり、飛行機に乗って雲の上に出ても、さらに青空が広がっています。夜になると青空はなくなり、月や惑星や星が輝いています。車や列車に乗って移動すると、それらは一緒に動くことから、かなり遠いことが分かります。しばらくすると雲の様子は変わっていくのに、天体は日周運動をしながら同じように見えていて、雲と天体の距離の違いを感じます。

南極で見た、地球大気で輝くオーロラと、天の川や大マゼラン銀河などの広大な宇宙（撮影：武田）

高さ数百 km までの地球の大気中で、雲や雨などの気象現象が起こり、流星、オーロラなどが光ります。その先は広大な宇宙空間で、月まで光速で 1 秒、太陽まで 8 分、一番近い恒星までは 4 年もかかります。そして、光速で 138 億年かかるところまでが我々の見ることができる宇宙の限界で、誕生時の宇宙の姿に近づきます。気象は世界同時刻で空を観測して天気図を作りますが、天文は光や通信に膨大な時間を費やし、時間の概念が違います。

このように分けてとらえられがちな気象と天文を、シームレスに対談で語り合ったのがこの本です。気象と天文を一緒に考えたいと思っていた私にとって、とてもうれしい機会になりました。私が各地で撮影した思い入れのある写真も加えました。楽しく対談していただいた縣秀彦さんと、この企画を提案してくださった緑書房の平川透さんに感謝申し上げます。

2024 年 10 月
武田 康男

みなさんはこの本を読んで、きっと、昼も夜も空を見上げたくなったことでしょう。『上を向いて歩こう』という歌があるように、上を向くと気分が変わるから不思議ですね。一方、宇宙から自分たちが暮らす地球も見てみたいと思いませんか？　約 60 億 km のかなた（冥王星までの距離）からボイジャー 1 号によって、1990 年に撮影された地球の画像を「ペイルブルードット」と呼びます。ボイジャー計画を推進したカール・セーガン博士はこの画像を見て次のようにいいました。

あがた ひでひこ
縣 秀彦

「天文学を学ぶことで謙虚で高い人間性が育つといわれています。私たちの小さな世界を遠くから見たこの画像以上に、人間のうぬぼれた自尊心の愚かさを示すものはないでしょう。この画像は、他人をより親切に扱うことや、私たちが知る唯一の故郷である淡く青い点（＝地球）を保護し、慈しむ責任が私たち人間にあることを、強く訴えているように思えます。」

ペイルブルードット（The Pale Blue Dot）。明るい光条のほぼ中央部にある小さな青い点が地球です。
©NASA/JPL-Caltech

　この本では身近な天気や雲のことから始まって、さまざまな空や宇宙の現象について武田康男さんと対談した内容を、緑書房の平川透さんにまとめてもらいました。打ち合わせも含めると、3 人で 5 回から 6 回話し合ったと思います。20 時間近い対話をこの分量で整理するのは大変だったと思います。武田さん、平川さんに深く感謝します。

2024 年 10 月
縣 秀彦

索引

著者プロフィール

武田 康男（たけだ やすお）
空の探検家®、空の写真家、気象予報士

1960年東京都生まれ。東北大学理学部卒業後、千葉県立高等学校教諭（理科）、第50次南極地域観測隊員を経て、2011年より"空の探検家®"として活動している。現在は大学の非常勤講師として地学を教えながら、小中高校や市民講座などで写真や映像を用いた講演も行う。日本気象学会会員、日本雪氷学会会員、日本自然科学写真協会理事。執筆・監修・写真映像提供、テレビ・ラジオ出演など多方面の実績を持つ。「体感! グレートネイチャー」（NHK）、「世界一受けたい授業」（日本テレビ）などに出演。主な著書に『ふしぎで美しい水の図鑑』『虹の図鑑』『今の空から天気を予想できる本』『楽しい雪の結晶観察図鑑』『富士山の観察図鑑』（いずれも緑書房）、『天気も宇宙も! まるわかり空の図鑑』（エムディエヌコーポレーション）など多数。

国立天文台准教授

あがたひでひこ
縣 秀彦

1961 年長野県生まれ。東京学芸大学大学院修了（教育学博士）。東京大学教育学部附属中・高等学校教諭、東京大学教育学部講師などを経て 1999 年より国立天文台に勤務、現在に至る。総合研究大学院大学准教授を兼務する他、NHK 高校講座講師、国際天文学連合・国際普及室アドバイザーなども務める。主な著書に『ビジュアル天文学史』（緑書房）、『日本の星空ツーリズム』（編著、緑書房）、『すべての人の天文学』（編著、日本評論社）、『改訂版 星の王子さまの天文ノート』（編著、河出書房新社）、『科学者 18 人にお尋ねします。宇宙には、だれかいますか?』（編著、河出書房新社）、『ヒトはなぜ宇宙に魅かれるのか』（経済法令研究会）、『面白くて眠れなくなる天文学』（PHP 研究所）など多数。

今すぐ見上げたくなる！
やさしい空と宇宙のはなし

Midori Shobo Co.,Ltd

2024 年 11 月 20 日　第 1 刷発行

著　者	武田 康男、縣 秀彦
発行者	森田 浩平
発行所	株式会社 緑書房 〒 103-0004 東京都中央区東日本橋 3 丁目 4 番 14 号 TEL 03-6833-0560 https://www.midorishobo.co.jp
編　集	平川 透、三井 麻梨香
カバー・本文デザイン	リリーフ・システムズ
似顔絵イラスト	大川 みか
印刷所	シナノグラフィックス

© Yasuo Takeda, Hidehiko Agata
ISBN978-4-86811-009-5　Printed in Japan
落丁、乱丁本は弊社送料負担にてお取り替えいたします。